植物王国探奇

观赏植物世界

谢宇 主编

花山文艺出版社

河北·石家庄

图书在版编目（CIP）数据

观赏植物世界 / 谢宇主编. -- 石家庄 ：花山文艺
出版社，2013.6（2022.2重印）
（植物王国探奇）
ISBN 978-7-5511-1152-2

Ⅰ．①观… Ⅱ．①谢… Ⅲ．①观赏植物－青年读物②
观赏植物－少年读物 Ⅳ．①S68-49

中国版本图书馆CIP数据核字(2013)第128561号

丛 书 名：植物王国探奇
书　　 名：观赏植物世界
主　　 编：谢　宇
责任编辑：冯　锦
封面设计：慧敏书装
美术编辑：胡彤亮
出版发行：花山文艺出版社 （邮政编码：050061）
　　　　　（河北省石家庄市友谊北大街 330号）
销售热线：0311-88643221
传　　 真：0311-88643234
印　　 刷：北京一鑫印务有限责任公司
经　　 销：新华书店
开　　 本：880×1230　1/16
印　　 张：12
字　　 数：170千字
版　　 次：2013年7月第1版
　　　　　 2022年2月第2次印刷
书　　 号：ISBN 978-7-5511-1152-2
定　　 价：38.00元

编 委 会 名 单

前　言

　　植物是生命的主要形态之一，已经在地球上存在了25亿年。现今地球上已知的植物种类约有40万种。植物每天都在旺盛地生长着，从发芽、开花到结果，它们都在装点着五彩缤纷的世界。而花园、森林、草原都是它们手拉手、齐心协力画出的美景。不管是冰天雪地的南极，干旱少雨的沙漠，还是浩渺无边的海洋、炽热无比的火山口，它们都能奇迹般地生长、繁育，把世界塑造得多姿多彩。

　　但是，你知道吗? 植物也会"思考"，植物也有属于自己王国的"语言"，它们也有自己的"族谱"。它们有的是人类的朋友，有的却会给人类的健康甚至生命造成威胁。《植物王国探奇》丛书分为《观赏植物世界》《奇异植物世界》《花的海洋》《瓜果植物世界》《走进环境植物》《植物的谜团》《走进药用植物》《药用植物的攻效》等8本。书中介绍不同植物的不同特点及其对人类的作用，比如，为什么花朵的颜色、结构都各不相同? 观赏植物对人类的生活环境都有哪些影响? 不同的瓜果各自都富含哪些营养成分以及对人体分别都有哪些作用? ……还有关于植物世界的神奇现象与植物自身的神奇本领，比如，植物是怎样来捕食动物的? 为什么小草会跳舞? 植物也长有眼睛吗? 真的有食人花吗? ……这些问题，我们都将一一为您解答。为了让青少年朋友们对植物王国的相关知识有进一步的了解，我们对书中的文字以及图片都做了精心的筛选，对选取的每一种植物的形态、特征、功效以及作用都做了详细的介绍。这样，我们不仅能更加近距离地感受植物的美丽、智慧，还能更加深刻地感受植物的神奇与魔力。打开书本，你将会看到一个奇妙的植物世界。

　　本丛书融科学性、知识性和趣味性于一体，不仅可以使读者学到更多知识，而且还可以使他们更加热爱科学，从而激励他们在科学的道路上不断前进，不断探索。同时，书中还设置了许多内容新颖的小栏目，不仅能培养青少年的学习兴趣，还能开阔他们的视野，对知识量的扩充也是极为有益的。

本书编委会

2013年4月

目 录

木本植物观赏

草本植物观赏

藤本植物观赏

观赏竹

木本植物观赏

木　棉

　　木棉别名"攀枝花""英雄花",是木棉科落叶大乔木。它树形高大,雄壮魁梧,枝干苍劲,傲然挺立于天地之间,充满了阳刚之美,历来被人们视为英雄的象

征。木棉花硕大如杯，色泽鲜艳，似火如血，由于它先长花芽，后长叶芽，因此在花盛开的时候，叶子还没有长出来，远远望去好似一团团在枝头欢快跳跃、尽情燃烧的火苗，极有气势。在众花之中，木棉是难得的"男性之花"，它们热情豪放地绽放于蓝天之下，泰然接受着风雨的洗礼。

木棉树高可达30～40米。掌状复叶互生，光滑，小叶呈长椭圆形，先开花后长叶。花为红色，花萼5裂，花瓣5枚，厚肉质，花期为2～4月。

我国傣族对木棉有着充分而巧妙地运用，他们用木棉的果絮织锦，称为"桐锦"；用木棉纤维做床褥、枕头的填充材料，非常柔软舒适；用木棉花瓣烹制菜肴。此外，傣族少女还常把自己的心上人比作高大的木棉树。

傣族有这样一个传说，说的是木棉花最初并非鲜红色。有一年敌寇入侵，傣族男子为了保卫家园，在木棉树下与敌寇展开激烈战斗，他们的鲜血染红了土地，渗透到了树根，从此以后，木棉花就变成了鲜艳的红色。人们为了纪念那些保卫家园的男子们，就把木棉树称为"英雄树"，把木棉花称为"英雄花"。

刺　　槐

刺槐别名"洋槐"，是蝶形花科刺槐属落叶乔木。原产自北美，现在欧亚各国广泛栽培。19世纪末首先在我国山东青岛引种，目前全国各地均有栽培，以黄河、淮河流域最常见。刺槐喜阳光充足的环境和干燥而凉爽的气候，不耐阴，但较耐干旱；对土壤的要求不高，在中性土、酸性土、石灰性土中均能生长，但以肥沃、深厚、排水良好的沙质土壤为佳。

刺槐高10~20米。树皮为灰褐色，多纹裂。树叶根部有一对刺，长1~2毫米。小枝为褐色。奇数羽状复叶，呈矩圆形或椭圆形，表面绿色，背面灰绿色，长有短毛。蝶形花组成下垂总状花序，白色，有香味，花期为4~5月。

树冠高大，叶色鲜绿，花为白色，素雅而芳香，在阳光下折射出柔和的光泽，显示出一种凝如玉脂般的风姿，一旦被耀目的光线穿透，就会变得透明而皎洁。随风飘散的花香，清淡中透出丝丝甜蜜，引来无数蝴蝶、蜜蜂环绕其间。

槐花蜜，色白而透明，是蜂蜜中的上品，深受消费者喜爱。刺槐木质坚硬，耐水湿。可供枕木、建筑、车辆、矿柱等用。叶含粗蛋白，是家畜的好饲料。花和嫩叶可食用，并已成为城市居民的绿色蔬菜。种子是制造肥皂及油漆的原料。根可入药，能止血。

流苏树

　　流苏树又称"乌金子""茶叶树",是木樨科流苏树属落叶乔木。在我国东北、华北、华东、华南各省区均有分布。喜光、耐寒、耐旱、怕水涝。对土壤的适应性强,一般土壤中都能生长,但在湿润、肥沃、排水良好的土壤中生长最好。

　　流苏树树高可达20米,树干为灰色。叶对生,革质或薄革质,呈椭圆形、长圆形或圆形。圆锥状聚伞花序顶生,花萼4深裂,裂片线形,白色。花期为4~5月。秋季结果,果呈椭圆形,蓝黑色或黑色。果期为9~10月。

　　树形高大,树姿优美,枝叶茂盛,初夏开白花。洁白纯净、如丝如缕的花朵,密密匝匝地聚集在一起,犹如用银丝精绣的霓裳披挂在树上。

　　在园林中,流苏树常被栽植在建筑物的四周。它的老桩可作盆景;嫩叶可作饮料,有"茶叶树"之称;木材坚韧细致,可用来制作器具;果实可以榨油,供工业用。

黄栌

黄栌又称"红叶树"，是漆树科落叶灌木或乔木。深秋霜降后，黄栌的叶子变红，色泽鲜艳，在周围枯枝黄叶的衬托下，显现出一派热闹的景象，一扫秋日的萧瑟与荒凉，让人倍感温暖。有人将片片红叶，比喻为一颗颗火热燃烧的心，虽历经风吹雨打，但真情不移。

黄栌树高5~8米。树冠呈伞形或圆形；树皮为暗灰褐色。单叶互生，呈宽卵圆形或肾脏形，紫红色。圆锥花序顶生，花单性与两性共存于同株，花小，花瓣为黄色，不孕花呈紫红色绒毛状。花期为4~5月。

黄栌除叶子具有很高的观赏价值外，其开花后淡紫色羽毛状的花梗也很漂亮，并且能在树梢宿存很长时间，远远望去宛如万缕罗纱缭绕林间，因此还有"烟树"的美誉，是北方秋季重要的观赏植物，北京的香山就是因它而闻名全国。它的木材鲜黄，可提取黄色染料，并可做家具、器具及雕刻用材。树皮和叶可提取栲胶。枝叶可以入药，有清热、解毒、消炎的功效。

枫香树

　　枫香树又名"枫树""路路通"，为金缕梅科枫香属落叶乔木。喜阳光充足的环境，幼树稍耐阴，耐干旱、贫瘠，怕水涝。对土壤的要求不高，但在深厚、肥沃、湿润的红、黄土壤中生长旺盛。在我国分布广泛，秦岭及淮河以南至西南、华南各地均有分布。另外，在日本也有分布。

　　枫香树树高30~40米，树冠为广卵形，树皮为灰绿色，浅纵裂。叶呈掌状3裂，长6~12厘米，宽达15厘米。裂片先端尖，叶基心形或截形，边缘有细锯齿。

　　幼叶有毛，后会慢慢脱落。花单性，头状花序，无花瓣，花期为3~4月。果序较大，径为3~4厘米，蒴果10月成熟。

　　枫香树是南方著名的高大红叶树种，树高干直，气势雄伟，深秋叶色红艳，美丽壮观。可于草地孤植、丛植，也可于池畔、山坡与松柏或其他常绿树混植，深秋时节可观赏到"数树丹枫映苍柏"的美景。枫香树的根、叶、果均可入药，球状果序即中药"路路通"，有祛风除湿、通经活络的功效。树干可割收树脂，做香料或供药用。木材为优良的家具、建筑用材。

紫 杉

紫杉又名"赤柏松"，为红豆杉科常绿乔木，是第四纪冰川遗留下来的古老树种，在地球上已经生存了250万年。树冠如白杨一样矫健，但红褐色的树皮比白杨更多了几分风采。

紫杉高可达17米。叶螺旋状着生，表面为深绿色，背面为黄绿色，有两条气孔带，叶中脉向两侧叶面突起。球花小，单生于叶腋内，3~6月开放。种子呈坚果状，球形，着生于红色肉质杯状假种皮中，当年形成芽孢，第二年成熟。

紫杉和我们经常见到的松树一样，属于裸子植物。每年5月，淡黄绿色的雄球花成簇地挂满枝头。更有趣的是，它的每粒种子外边都有一个杯状、亮红色的假种皮，酷似"相思豆"，因此又称"红豆杉"。远远望去，犹如绿树间点缀着无数颗红玛瑙石，艳丽晶莹。

紫杉树不仅是极好的观赏树种，还是珍贵的药用植物。紫杉树中含有紫杉醇，它具有独特的抗肿瘤和抑制肿瘤的功效，被认为是当今最有开发潜力的抗癌药物。

由于紫杉生长习性为分散式生长，又是裸子植物，繁殖很缓慢，再加上人们的乱砍滥伐，数量也在不断减少。紫杉虽然贵为"活化石"，但是性子很随和。它的种植难点在于"出生"，由于它的种子外皮坚硬，如果不进行加工，落地经年也不会发芽。但是只要"出生"了，对成长环境的要求不高，只要在背阳地带，沙质土壤，每15天左右浇一次透水就可以了。我国人工种植紫杉已有较大规模，种植株数约600万株，紫杉醇的年产量约300千克左右。

苏 木

　　苏木是苏木科云实属小乔木。喜干热气候，在疏松肥沃的微酸性至中性土壤中生长良好。原产于印度、越南、缅甸及斯里兰卡，我国四川、云南、贵州及华南各省区也有栽培，栽培区平均海拔长120～1 100米。

　　苏木高约5～13米。树干常有疏生的小刺。二回羽状复叶，小叶10～19对，平滑无毛，呈长圆状或菱状长圆形，纸质。圆锥花序顶生或腋生，萼片5枚，花瓣5枚，黄色，阔倒卵形。花期为5～10月。荚果木质，呈长圆形至倒卵长圆形，浅褐色，种子3～4粒。果期7月至第二年3月。

　　苏木叶婆娑美观，花色艳丽，荚果别致，是良好的观赏树种。苏木自古以来就被作为染料广泛使用，可以对天然的毛麻丝棉等进行染色，特别是在丝绸上，可以呈现出鲜艳的大红色。心材入药做清血剂，有活血、散瘀、祛痰之功效。

厚　朴

　　厚朴是木兰科落叶乔木。株形挺拔，花朵丰润端庄，如白玉雕刻一般，一派富丽大气，并不断散发出阵阵幽香，营造出一种平和安逸的氛围。

　　厚朴高15~20米。叶近革质，7~9枚集生枝顶，呈椭圆状倒卵形。花与叶同时开放，单生枝顶，花呈白色，有香味，花被厚肉质。花期为4~5月。

　　厚朴花花美叶也美，叶片质地厚实，犹如贴身翠玉般散发出阵阵温暖的气息，具有很高的观赏性。它干燥的树皮和根也具有较高的药用价值。

山　楂

　　山楂又称"山里红"，是蔷薇科落叶乔木。树冠整齐，枝叶繁茂，花白色，在五彩缤纷、千姿百媚的花草中间显得很普通，只是安静地绽放，平静地凋谢，默默无闻地走过自己的花季。人们很少去注意山楂的花，但是对于它的果实却非常熟悉。山楂的果实成熟时，犹如一个个小灯笼悬挂在绿叶间，非常好看。摘下一颗放入口中，酸甜可口，回味无穷。

　　山楂树高可达6米，树皮粗糙。叶片呈三角卵圆形或宽卵形。伞房花序，花为白色。花期为4~5月。

　　山楂除鲜食外，还可加工成果酱、果脯等食品，最为人称道的便是美味的"冰糖葫芦"。除此之外，山楂还可软化血管，降低血脂。

黄　槐

黄槐又称"黄花槐""美国槐"，是苏木科冬季落叶乔木。黄槐树姿优美，枝叶茂盛，花蕾娇小别致，花色金黄灿烂，在绿叶的衬托下犹如翩翩起舞的蝴蝶，在阳光下，发出明亮而璀璨的光芒，富有热带特色，是美丽的观花树。

黄槐树高5~7米，羽状复叶，呈刀状披针形或卵状长椭圆形。花为鲜黄色，花序长8~12厘米，且无明显的苞片。夏、秋两季开花，花期长达4个月之久。

我们知道人到了晚上都要睡觉，黄槐树也要"睡觉"，它所有的叶子到了晚上都会折合起来，开始休息，等天亮以后它才"起床"，叶子又全都伸展开来。

凤凰木

凤凰木又称"红花楹""孔雀树",是苏木科落叶大乔木。树形优美,树冠高大,枝叶繁茂。花开之际,满树如火,红绿相映,显得富丽堂皇。由于"叶如飞凤之羽,花若丹凤之冠",因此取名"凤凰木"。凤凰木容易繁殖,生长迅速。原产于热带非洲和马达加斯加,是著名的热带观赏树种。

凤凰木高8~25米,树冠呈伞状,树皮粗糙。二回偶数羽状复叶互生,有羽片15~20对,小叶呈长椭圆形,叶片平滑且薄,为青绿色,长约8毫米。冬天的时候,不可胜数的小叶像雪花一样飘落下来。总状花序,花大,直径8~15厘米,花瓣是红色的,有黄色及白色斑点,直径7~10厘米,无香味。花期为5~7月。荚果为长带状,长达50厘米,宽约5厘米,厚且硬,成熟时为深褐色,内含黑褐色的种子40~50粒。

凤凰木虽然美丽,但是也有不足,它的花和种子有毒,不能贸然接触。秋、冬季节落叶满地,再加上叶片细小,所以很难打扫。

红果树

红果树是蔷薇科红果树属常绿灌木或小乔木。喜阳光充足、温暖的气候，稍耐干旱、贫瘠。我国广西、四川、江西、云南、贵州、甘肃、陕西等地均有分布，越南北部也有分布。生长于海拔1 000~3 000米的山顶、山坡、路旁及灌木丛中，播种繁殖。

红果树高1~10米。枝条密集，小枝粗壮。叶为革质，呈长圆形、长圆披针形或倒披针形，长5~12厘米，宽2~5厘米。复伞房花序，直径5~9厘米。花朵直径5~10毫米，花瓣5枚，为白色，近圆形，花期为5~6月。果实近球形，橘红色，直径为7~8毫米，果期为9~10月。

红果树枝叶丰满，叶片亮绿，果实橘红，经久不凋，非常美丽，是很好的观叶、观果植物。可丛植、单植，也可做绿篱。

金合欢

　　金合欢是含羞草科有刺灌木或小乔木。树态端庄优美，叶色嫩绿，柔和如翠玉，幽幽地散发出一丝丝暖意，将黄色小花衬托得更加温润。鲜艳的色泽，纤长的花丝，组成一个个金色绒球悬挂在叶丛中，散发出阵阵芳香，令人心旷神怡。

　　金合欢树高2～4米。枝上有1～2厘米长的刺。二回羽状复叶互生，羽片有4～8对，每羽片有10～20对线状长椭圆形小叶。花两性，头状花序腋生。花小，多而密集，为黄色，极香。

　　金合欢的树态、叶片、花姿都非常优美，具有很高的观赏价值，不但是园林绿化、美化的良好树种，还是庭院、公园的观赏植物。

　　金合欢除具有观赏价值外，还具有较高的经济价值。它的木材坚硬，可以用于制作贵重器具。花极香，可提取芳香油做高级香水及化妆品的原料。果荚和根中含有单宁，可做黑色染料。树干中还含有橡胶，为工业原料。

鹅掌楸

　　鹅掌楸是木兰科落叶乔木，楸树的一种。它的花朵姣美，形似郁金香，再加上是我国的特产树种，所以英文名称翻译过来就是"中国郁金香"。最为奇特的是鹅掌楸的叶子，形状酷似马褂，叶片的顶部平截，很像马褂的下摆，叶片的两侧略微弯曲，像马褂的两腰，叶片的两侧端部向外突出，像马褂的两只袖子，因此又有"马褂木"之称。

　　鹅掌楸高达16米。叶互生，长4~17厘米，宽5~18厘米，背面为粉白色，呈马褂状。花呈杯状，直径4~6厘米，花期4~5月。

　　鹅掌楸是十分古老而罕见的庭院观赏树种，对二氧化硫等有害气体有较强的吸收能力，可栽植在大气污染严重的地区。树皮可入药。

珍珠梅

　　珍珠梅又称"山高粱""东北珍珠梅""华楸珍珠梅",蔷薇科珍珠梅属灌木。喜光、耐贫瘠,一般不需要施肥,但要经常浇水,特别是春季干旱及夏季高温时,要保持土壤湿润。耐寒,性强健,不择土壤,生长迅速,耐修剪。容易繁殖,可采用播种、扦插或分株法繁殖。

　　珍珠梅高可达2米。枝条开展,嫩枝绿色,老枝黄褐色或红褐色,无毛。芽为宽卵形,紫褐色,有数枚鳞片。奇数羽状复叶,具13~21枚小叶,连叶柄长17~25厘米。小叶片对生,呈披针形至椭圆状披针形,长4~6厘米,宽1.8~2.5厘米,基部圆形至宽楔形,边缘具尖锐重锯齿。大型圆锥花序,顶生,总花梗和花梗均有短柔毛。花瓣5枚,近圆形或宽卵形,白色,花期7~8月。果矩圆形,密被白柔毛。果期8~9月。

　　珍珠梅株丛丰满,叶形清秀,更难能可贵的是,它在少花的盛夏时节开花,花清雅秀丽,而且花期很长,是非常受欢迎的观赏树种。此外,它还能杀灭或抑制多种有害细菌。可孤植、丛植、列植于庭院、公园、草坪、工厂等绿化区。茎皮可入药,有清血祛瘀、消肿止痛的功效。

美人松

美人松学名"长白松"，松科松属常绿乔木，是欧洲赤松的一个变种。美人松，多么动听、多么诱人的名字，光听名字就会让人产生无限遐想。美人松的风采和美丽使其他松树望尘莫及。它树干通直、挺拔，扶摇而上、高耸云天，显得伟岸、雄壮。树冠为伞形或椭圆形，针叶密集成团，宛如美人的一头秀发。它的树身与众不同，下部为棕褐色，深龟裂，上部为棕黄色至红黄色，树皮呈薄片状微剥离，显得典雅、古朴、端庄而又不失妩媚。

美人松是长白山特产树种。在长白山的北坡，有一片不小的美人松树林，树高都在20～30米，是长白山一道别具特色的风景线。

美人松冬芽为卵圆形，有树脂，芽鳞为红褐色。一年生枝呈淡黄褐色或浅绿褐色，无毛，3年生枝为灰褐色。针叶2针一束，微扁，较粗硬，长4～9厘米，宽1～2毫米，边缘有细锯齿。雌球花暗紫红色。球果锥状卵圆形，长4～5厘米，直径3～4.5厘米，成熟时为淡灰褐色。

美人松虽然形态脱俗，算得上天姿国色，但却没有"美人"那种弱不禁风的娇气。它们能在贫瘠的土地上茁壮成长，而且具有很强的抵抗病虫害的能力。它们不仅是著名的观赏树木，还是优良的建筑用材。木材具有易加工、耐腐蚀等优点。

香花槐

香花槐又称"富贵树"，是蝶形花科落叶小乔木。被誉为"21世纪黄金树"，是我国2008年奥运会环境绿化的首选树种。它枝繁叶茂，树冠圆满，树干笔直，树形苍劲，姿态优美，叶为深绿色且有光泽。花色艳丽，芳香浓郁，可同时盛开200~500朵红花，非常壮观、美丽，而且一年两季盛开，可谓"初秋园林赏美景，香槐盛开别样红"。

香花槐树高10~12米，树干为褐至灰褐色。叶互生，呈椭圆形，比刺槐叶大，有4~8厘米长，光滑。花大，呈粉红色或紫色，芳香浓郁，花期很长。香花槐生长迅速，栽植当年高可达2~3米，第二年可达3~4米，并开始开花，第三年进入盛花期。栽植成活率高，不用每年反复栽植，栽一棵几年后便能自然地生出一片，达到一次栽植、多年受益的效果。

可广泛用于道路及园林绿化，也可用做草坪点缀、园林置景。香花槐是集美化、绿化、香化、净化、观赏为一体的优良树种。抗污染能力较强，能吸收铅蒸气，净化空气。对粉尘的吸附和铅蒸气的吸收能力较强，保护环境与净化空气的效果显著。槐花香气四溢，有消除疲劳、提神醒脑等作用。

野蔷薇

野蔷薇是蔷薇科落叶小灌木，适应性强，喜阳光充足的环境，耐半阴，喜肥耐瘠，不耐水湿，我国大部分省区都有分布。本种变异性强，常见的栽培品种有白玉堂、七姊妹、粉团蔷薇等。

野蔷薇高1~2米。小枝细长，具皮刺。羽状复叶互生，小叶有5~9枚，呈倒卵形至长圆形，长1~5厘米，宽0.8~2厘米，先端急尖或圆钝，基部近圆形或楔形，边缘具锐锯齿，上面光滑，下面有柔毛。伞房花序圆锥状，具多花，花梗上有柔毛或腺毛。花瓣5枚或更多，为白色或粉红色，直径1.5~3厘米。花期4~5月。果实近球形，直径0.6~0.8厘米，为紫褐色或红色，有光泽。

野蔷薇叶茂花繁，芳香四溢，花色鲜艳。明代顾磷有诗云："百丈蔷薇枝，缭绕成洞房。蜜叶翠帷重，浓花红锦张。张著玉局棋，遣此朱夏长。香云落衣袂，一月留余香。"诗中描绘了蔷薇花盛开时姹紫嫣红的情景。野蔷薇花美果也美，秋天，红艳的果实挂满枝头，一派喜庆的景象。宜于栏杆旁、墙边种植，美化围栏和墙垣，也可在园林篷架栽培，植为绿廊、花架。叶、花、果、根均可入药。

文冠果

　　文冠果又名"文官果"，是无患子科文冠果属落叶小乔木。喜光，耐严寒，耐旱性强。在沙荒、黏土及轻盐碱土中均能生长，但以肥沃、深厚、湿润的土壤生长最好。

　　文冠果树高可达8米，树皮为灰褐色，比较粗糙。枝幼时为紫褐色，有毛，后会慢慢脱落。奇数羽状复叶互生，小叶9~19枚，长椭圆形至披针形，长3~5厘米，边缘有锯齿。圆锥花序顶生，花瓣上带有红色或黄色的斑点，花期4~5月。果呈椭圆形，果皮木质。

　　树姿挺拔，春天花开满树，花朵姣美，形如五瓣星状，娇嫩的黄色花蕊，包裹在鲜艳的红色花心中，再加上皎洁的白色花边，可谓妩媚之极。在绿叶的衬托下，显得更加美丽，具有很高的观赏价值。文冠果浑身是宝，花朵可以观赏，花粉可以酿蜜，叶子可以制茶，树枝可以入药，种子可以榨油。木材为褐色，坚实致密，纹理美丽，还可供家具、器具等用。

云 杉

云杉又名"粗枝云杉""毛枝云杉",为松科云杉属常绿乔木。产于我国陕西、四川、甘肃等海拔在1 600~3 600米的山区,目前,我国北方城市普遍栽培。云杉耐寒、耐阴,喜冷凉湿润气候和深厚、肥沃、排水良好而湿润的微酸性沙质土壤。

云杉树高约45米,树冠呈圆锥形,树皮为灰褐色,呈不规则薄片状剥落。叶为四棱条形,长1~2厘米,在枝上呈螺旋状排列。雌球花单生枝顶,雄球花单生叶腋。球果圆柱形,长8~12厘米,成熟前为绿色,10月成熟时变为栗褐色。

云杉树形端正,树姿优美,枝叶茂密,叶上有明显的粉白气孔线,远眺如白云缭绕,苍翠可爱,是重要的庭院绿化树种。可丛植、孤植或与白皮松、桧柏等配植。材质优良,可作枕木、坑木、家具、房料等用。针叶含油率0.1%~0.5%,可提取芳香油。

在圣诞节,很多国家的人们喜欢用圣诞树来增添节日气氛,圣诞树便多由云杉装饰而成,人们在圣诞树上挂满各色彩灯、钟铃、花球以及装着圣诞礼物的各种小盒子。

白皮松

白皮松又名"虎皮松""白骨松""百果松"，为松科松属常绿乔木。白皮松是我国的特产树种，在我国山西、陕西、甘肃、河南、四川、湖北等省都有分布。喜阳光充足的环境，幼树耐半阴、耐寒、耐旱，对土壤的适应性强，但在肥沃、深厚、排水良好的钙质土壤里生长良好。

白皮松高可达30米，树冠呈阔圆锥形，树皮为粉白色或淡灰绿色。一年生小枝为灰绿色，无毛，大枝从近地面处斜出。叶三针一束，长5~10厘米。雌球花生于当年新枝近顶部，雄球花生于新枝下部。球果圆锥状卵形，长5~7厘米，成熟时为淡黄色。

白皮松为罕见的树种之一，是我国特有的观赏树。树形雄伟壮观，苍翠挺拔，皮色奇特，呈斑驳状的乳白色，非常醒目，是城镇和庭院绿化的优良树种。宜在庭院对植、孤植，还可列植做行道树。对大气中二氧化硫及烟尘的污染有较强的吸收能力。白皮松木质较脆，但纹理美丽，一般用作文具、家具、建筑板材等。种子可食用。

柏　木

柏木又名"垂丝柏""柏香树""香扁柏"，是柏科柏木属常绿乔木。在我国分布较广，广东、广西、福建、安徽、浙江、江西、湖南、湖北、贵州、四川、云南、陕西、甘肃等省均有分布。喜温暖湿润的气候，对土壤的适应能力强，在中性、微酸性及钙质土壤中均能生长。

柏木高可达35米，胸径2米，树冠为圆锥形。小枝细长下垂，大枝平展。鳞叶先端尖，中间之叶背部有纵腺点。球花单生于小枝顶端。球果呈卵圆形，直径8~12毫米。

柏木寿命长，终年常绿，树姿秀丽清幽，树冠整齐，树干通直，自古栽培就是供观赏，是城镇、公园、庭院绿化的优良树种。对植或列植于门庭两边，效果不亚于龙柏。柏木对有害气体的抗性较强，还能分泌出大量的杀菌素，可以减少空气中细菌的含量。柏木材质优良，具香气，耐湿耐腐，是理想的建筑、家具、车船、文具及细木工等用材。枝、叶、根可提炼"柏香油"，为重要的出口物资之一。种子可以榨油。根、枝、叶、球果均可入药，根治跌打损伤，叶还可治烫伤，果治胃痛、风寒感冒。

广玉兰

　　广玉兰又名"荷花玉兰""洋玉兰"，为木兰科木兰属常绿乔木，原产于北美洲，在我国长江流域各地也均有栽培。喜阳光充足的环境，幼时耐阴。喜温暖湿润的气候，具有一定的耐寒力。喜肥沃、排水良好的湿润酸性或中性土壤。

　　广玉兰高可达30米，树冠为卵状圆锥形。小枝有锈褐色柔毛。叶为长椭圆形，硬革质，表面有光泽，背面密生锈褐色柔毛。花为荷花状，白色，具芳香，花瓣一般为6枚，也有少数为9~12枚。聚合果呈圆柱形卵状，长7~10厘米，密被锈色毛。

　　广玉兰树姿雄伟壮丽，叶色浓绿而有光泽，花大而芳香，其聚合果成熟后，开裂露出鲜红色的种子也颇为美观，是非常优美、有特色的观赏树种。宜单植在开阔的草坪上，也可在建筑物前对植，在街头绿地及庭院散植、丛植和列植，观赏效果都很好。由于其树冠庞大，而且花开于枝顶，因此，最好不要栽植于狭小的庭院内，否则不能发挥其观赏效果。广玉兰对氯气和二氧化硫有较强的抗性，能吸收硫及汞蒸气。材质致密坚实，可做运动器材、装饰物及箱柜等，嫩枝、叶、花可提取挥发油。

白　桦

　　白桦又名"桦树""桦木""桦皮树"，为桦木科桦木属落叶乔木。在我国主要分布于东北大、小兴安岭，长白山以及华北高山地区，俄罗斯、朝鲜也有分布。为强阳性树种，耐寒、耐贫瘠。

　　白桦树高可达25米，胸径50厘米，树冠呈卵圆形。树皮为白色，皮孔为黄色。小枝为红褐色，无毛，外被白色蜡层。叶呈菱状卵形或三角状卵形，长4~9厘米，宽2~7厘米，边缘有不规则重锯齿。花期5~6月。果序单生，呈圆柱形。坚果小而扁，两侧有宽翅。

　　白桦是较好的观赏树种。它树冠端正，枝叶扶疏，姿态优美，尤其是树干修直，洁白雅致，非常引人注目。孤植、丛植于庭院、公园之池畔、草坪或列植于道旁都非常美观。木材为黄白色，结构细，纹理直，但不耐腐，供制胶合板、造纸及建筑等用。树皮可用来提取桦油，供化妆品香料用，并含有11%的单宁，可制取栲胶。

枇 杷

　　枇杷又名"芦橘"，为蔷薇科枇杷属常绿小乔木。在湖北、四川有野生的，南方各地主要是作为果树种植，目前我国有100多个栽培品种，大致可分为红种枇杷、草种枇杷和白沙枇杷三个系。枇杷喜光，稍耐阴，不耐寒，喜温暖、湿润的气候及富含腐殖质、排水良好的中性或微酸性的沙质土壤。生长缓慢，寿命较长。

　　枇杷树高可达10米。小枝密生锈色绒毛。叶粗大革质，长12~30厘米，锯齿粗钝，羽状侧脉直达齿尖，表面多皱而有光泽。花白色，具芳香。梨果为黄色或橙黄色，梨形或近球形。

　　枇杷树形浑圆，整齐美观，枝叶繁茂，四季常青，冬日白花盛开，初夏黄果累累，具有较高的观赏价值。一般宜丛植或群植于湖边池畔、草坪边缘、阳光充足的地方。在江南园林中，常配植在亭、堂、院落之隅，其间再点缀花卉、山石，意趣颇佳。鲜果除生食外，还可制罐头或酿酒；花为良好的蜜源；木材为红棕色，可做手杖、木梳等用；叶晒干后去毛，可供药用，有清肺和胃、降气化痰等功效。

女　贞

　　女贞又名"蜡树""冬青等"，为木樨科女贞属常绿乔木。在我国长江以南各省均有分布。喜温暖、湿润的环境，对土壤要求不高，但以深厚、肥沃、排水良好的湿润土壤为佳。

　　女贞树高达10米，树皮平滑，为灰绿色。枝开展，无毛。叶呈宽卵形至卵状披针形，长6~12厘米，革质，有光泽。花为白色，花期为6~7月。果为长椭圆形，蓝黑色。

　　女贞叶片郁郁葱葱，终年常绿，夏日满树都开着细小美丽的白花，挂果时间长，有较高的观赏价值。因其生长速度快，又耐修剪整形，在园林中常被作为绿篱、行道树等进行栽培，或作为观赏树种植于庭院中。女贞树对氯气、氟化氢、二氧化硫有一定的抗性，吸滞粉尘的能力很强，据测定，每平方米叶片能吸滞粉尘6.3克。女贞的叶、果实、树皮、根均可入药。叶能祛风、消肿、止痛；果实可补肝肾，强腰膝；树皮能治烫伤；根可散气血、止气痛。

珊瑚树

　　珊瑚树又名"法国冬青""高栌树""珊瑚枝"等，为忍冬科荚蒾属常绿小乔木或灌木。在我国华南、华东、西南各省均有栽培。

　　珊瑚树高可达10米，树干挺直，树皮为灰褐色，具圆形皮孔，树冠呈倒卵形。叶呈倒披针形或长椭圆形，边缘具钝齿，表面为暗绿色，背面为淡绿色。花为白色，钟状，具香味。果为椭圆形，初为红色，后慢慢变为黑色。

　　珊瑚树枝繁叶茂，叶片青翠浓绿，终年常绿，花白果红，绚烂可爱。庭院中栽培，常整修为绿门、绿墙、绿廊；园林中多孤植、丛植；入门路口对植，颇为雅致。能吸收二氧化硫、二氧化氮等有毒气体，对氟化物也有一定的抗性，又有防火、防尘、隔音的作用，是街道、工厂绿化的主要树种。

马尾松

    马尾松又名"山松""青松""枞树"等，为松科松属常绿乔木。广泛分布于我国华中、华南各地。喜温暖湿润的气候，对土壤的要求不高，能耐干旱贫瘠的土壤，但在肥沃湿润的酸性及微酸性土壤中生长较好。

    马尾松高可达45米，胸径1米，树皮为深褐色，树冠呈狭圆锥形或伞状。一年生小枝为淡黄褐色。叶两针一束或三针一束，叶缘有细锯齿。长叶马尾松叶长达30厘米，短叶马尾松，叶长不超过10厘米。球果长卵形，成熟时为栗褐色。

    树冠姿态古奇，树干较直，终年常绿，于亭旁、庭前、假山之间孤植或丛植，配以红梅、翠竹、菊花、牡丹，颇有诗情画意。也可用做行道树，苍松掠云，翠荫蔽日。木材结构粗，纹理直，富含油脂，耐水湿，适于家具、建筑用材，经防腐处理，可做枕木、坑木等用材，木纤维又是人造纤维及造纸的原料。树干中可采割出医药、化工和国防工业的重要原料——松脂。

胡　桃

胡桃又名"核桃"，为胡桃科胡桃属落叶乔木。在我国各地普遍栽培，但以北方较为常见。喜光，喜温暖而凉爽的气候，较耐寒，不耐湿热。对土壤的要求不高，从微酸性土到轻度盐碱土都能生长，但以肥沃、深厚、排水良好的湿润中性或钙质土壤为佳。

胡桃高可达15米，树冠呈扁球形，树皮为灰白色。小枝为绿色，粗壮，无毛。奇数羽状复叶，长20~30厘米，小叶有5~10枚，椭圆形至倒卵形。花单性，同株，雌花2~3朵组成穗状花序，雄花为荑荑花序。果序比较短，下垂，有核果1~3枚。

胡桃树冠高大，枝叶茂密，树干为灰白色，是良好的庭荫树。孤植、丛植于园中空地或草地都很合适。因其叶、花、果挥发的气味具有杀虫、杀菌的保健功效，也可成片种植于风景疗养区。木材坚韧致密，不翘不裂，富有弹性，是优良的家具、军工用材；核桃仁是营养丰富的食品及滋补品，而且含油量高，可榨油。

板 栗

板栗又名"栗树",是山毛榉科栗属落叶乔木。我国栽培板栗的历史悠久,已有2 000~3 000年。现在,北起东北南部,南至广东、广西,西达甘肃、四川、云南等省区均有栽培,以华北和长江流域栽培最为集中。板栗喜光,特别是在开花期,更需要充足的光照。对土壤要求不高,但以深厚、肥沃、排水良好的沙质土壤为佳。寿命长,可达200~300年。

板栗树高约20米,胸径1米,树冠呈扁圆球形,树皮为灰褐色。小枝有灰色绒毛。叶为椭圆形至椭圆状披针形,背面常有灰白色绒毛,长10~18厘米。雄花序直立,雌花数朵或单独生于总苞内。坚果包藏在总苞内,总苞为球形,直径6~10厘米,密被长针刺。一个总苞内有1~3个坚果,果期为9~10月。

树冠圆广,枝叶繁茂,常植于庭院和草坪上供观赏,也可用做山区绿化造林和水土保持的树种。其坚果营养丰富,富含淀粉和糖,是我国特产干果。木材坚硬耐磨,可供农具、家具等用,果苞、树皮等可提制栲胶,花是良好的蜜源。

珊瑚朴

珊瑚朴为榆科朴属落叶乔木，分布于我国陕西、河南、江西、浙江、安徽、湖南、湖北、贵州等省。喜光，稍耐阴。喜温暖湿润的气候，对土壤要求不高，在中性、微酸性土壤中都能生长。

珊瑚朴高可达27米，树冠呈圆球形。小枝密被黄褐色绒毛。单叶互生，呈广卵形、倒卵形或倒卵状椭圆形，长6～12厘米，上面粗糙，下面密生黄色绒毛，锯齿钝或全缘。花序为红褐色，形状如珊瑚，花期4月。核果较大，呈卵球形，成熟时为橙红色。

树干高直，树姿雄伟，树冠广展，小枝下垂，叶茂浓荫，春天枝上生满红褐色花序，秋天树上挂满红果，是优良的观赏树、行道树，孤植、列植、丛植都很合适，既美观，又风趣盎然。木材坚实，硬度适中，可做家具、农具等用。树皮纤维可编袋、制绳索、造纸和做人造棉原料。

桑 树

桑树为桑科桑属落叶乔木。原产于我国中部,现在南北各地均广泛栽培,以黄河流域和长江流域中下游各地栽培最多。桑树为喜光树种,喜温暖湿润的气候,耐旱不耐涝,长期受涝会生长不良,严重的还会死亡。耐贫瘠,对土壤的适应性强,在中性、微酸性、石灰质和轻盐碱土壤中均能生长。

桑树高达16米,胸径可达1米以上,树冠呈倒广卵形,树皮为灰褐色,根为鲜黄色。叶为卵形或宽卵形,长5~15厘米,锯齿粗钝,表面光滑,无毛,有光泽。花单性,异株,雌雄花均为荑荑花序。聚合果呈长卵形至圆柱形,红色、紫黑色或近白色,5~7月成熟,味甜可食。

树冠宽阔,枝叶茂密,秋季叶色变黄,非常美观。适于城市、农村和工矿区绿化,其观赏品种之中的龙桑和垂枝桑等,更适于庭院栽培观赏。我国古代人们常在屋后栽种桑树和梓树,因此"桑梓"象征家乡、故土。桑叶可以用来养蚕,树皮纤维可供造纸和纺织原料,木材供家具、乐器、雕刻等用,桑树的果实桑葚可生食或酿酒,有安神、明目、滋补肝肾等功效。

紫玉兰

紫玉兰又名"木笔""辛夷"，为木兰科木兰属落叶小乔木。喜温暖湿润的环境，较耐寒，喜阳光，但也有一定的耐阴力，在湿润、肥沃、排水良好的沙质土壤中生长较好。在碱性土壤中生长不良。原产于我国湖北和四川，现各地均广为栽培。

紫玉兰树高3~5米。小枝为紫褐色。叶互生，呈倒卵形或椭圆状卵形。花较大，先叶开放，紫色，钟状，长3厘米左右，花瓣6枚，花期4~5月。聚合果为淡褐色，长圆形。

紫玉兰花大而鲜艳，花姿婀娜，开花时节满树紫红，散发着淡淡幽香，具有较高的观赏价值。可在园林中、庭前院后配植，也可散植或孤植于小庭院内。花蕾名"辛夷"，供药用，入药可治鼻病、头痛。

白玉兰

　　白玉兰又名"望春花""玉兰""木花树"，是木兰科木兰属落叶乔木。原产于我国中部，现在全国各地均有栽培。喜阳光充足、湿润的环境，稍耐阴，但长期庇荫也会生长不良，枝细花小。耐寒性较强，耐旱怕涝，受涝会导致烂根。喜肥沃、排水良好的中性或偏酸性土壤。

　　白玉兰树高可达15米，树冠近球形或卵形。小枝具环状托叶痕。单叶互生，全缘，倒卵状长椭圆形，长12~15厘米，纸质，先端突尖而短钝。花两性，单生枝顶，直径12~15厘米，纯白色，具香味。花萼瓣状，共9片，叶前开放，花期不长，8~10天。聚合果呈圆筒状，红色至淡红褐色，果实成熟后会裂开。果期为9~10月。

　　白玉兰为我国特产，为名贵的观赏树种，满树繁花，洁白美丽，香气似兰，其体态和色香无与伦比，"莹洁清丽，恍凝冰雪"就是赞赏玉兰盛放的景观。白玉兰是我国著名的早春花木，花开放时还没有长叶，因此有"木花树"之称。花后枝叶繁茂，绿树成荫。秋天果实成熟时，红色的种子"半遮面"，像一粒粒宝石挂在树上，十分惹人喜爱。

　　将白玉兰、海棠、迎春、牡丹、桂花等配植在一起，就是中国传统园林中的"玉堂春富贵"意境的体现，其意为吉祥如意、宝贵高洁。若植于纪念性建筑之前，有"玉洁冰清"之意，象征品格高尚，具有崇高理想，超凡脱俗。若丛植于草坪上则能形成春光明媚的景象，给人以喜悦、青春和充满生气的感觉。玉兰是插花的优良材料。另外，花瓣可食用，香甜可口。种子可榨油，树皮可入药，木材可供雕刻用。

杜　仲

　　杜仲又名"思仲""玉丝皮"，为杜仲科杜仲属落叶乔木。是我国特产树种，也是第四纪冰川时期幸存的古老树种之一，主产于贵州、云南、四川等地，现全国各地均有栽培。杜仲喜阳光充足的环境和温暖湿润的气候，较耐寒。对土壤的适应性强，在中性、微酸性、微碱性以及钙质土壤中都能生长。但以深厚、疏松、肥沃、排水良好、pH值在5~7.5之间的土壤最为适宜。

　　杜仲树高可达20米，树皮为灰褐色，树冠呈圆球形。小枝为黄褐色，光滑，无毛。叶呈卵形或椭圆形，长6~15厘米，边缘有锯齿，上面为深绿色，下面为淡绿色。花单性，雌雄异株，花先叶开放，或与叶同时开放。翅果为长椭圆形，果期9~11月。

　　杜仲树干挺直，树姿优美，枝叶茂密，叶油绿发光，生长迅速，是理想的行道树、庭荫树，也可做一般绿化造林树种。杜仲树皮是名贵的中药材，具有强筋骨、补肝肾、安胎等功效；枝、叶、果、树皮、根皮均含有杜仲胶，杜仲胶属硬质橡胶，是电气绝缘及海底电缆的优质原料；木材坚实细致，不翘不裂，可供建筑、家具、农具等用；种子还可榨油。

悬铃木

悬铃木又名"英国梧桐""二球悬铃木",是悬铃木科悬铃木属落叶乔木。二球悬铃木是一球悬铃木和三球悬铃木的杂交种,1640年由英国育成,现在广泛种植于世界各地。我国黄河及长江流域最为普遍。悬铃木为喜光树种,不耐阴。喜温暖湿润的气候,比较耐寒,耐干旱、贫瘠,但不耐水湿,对土壤要求不高,但以深厚、肥沃、湿润、排水良好的中性或微酸性土壤为佳,在石灰性或微碱性土壤中也能生长。

悬铃木高可达35米,树皮为灰白色或灰褐色,树冠呈椭圆形。幼枝被淡褐色星状毛。单叶互生,掌状3~5裂,边缘疏生齿牙。幼时密生淡褐色星状柔毛,后脱落。花单性同株,头状花序球形,花期4~5月。聚花果呈球形,下垂,一般2球一串,也有3球一串的。坚果基部有长刺毛,果期9~10月。

悬铃木树姿优美,树干高大,树冠雄伟,叶大浓荫,生长迅速,是良好的庭荫树和行道树,有"行道树之王"的美誉。此外,它抗污染能力强,叶片能吸收氯气、二氧化硫等有毒气体,还具有滞积灰尘的作用,也是理想的工厂绿化树种,且耐修剪,易造型,深受人们的喜爱。不过需要注意的是,幼枝、幼叶及果实上的星状柔毛脱落时,易引起空气污染,会刺激人的鼻孔、眼睛、皮肤,引起红肿或过敏,因此,不要在疗养院或幼儿园附近栽培。

梨 树

梨树是蔷薇科梨属落叶乔木。在我国栽培历史悠久，深受人们喜爱。梨树对气候的适应性较强，在我国南北方均可栽种，喜干燥冷凉的气候，抗寒能力强。对土壤要求不严，喜湿润、肥沃、排水良好的沙质土壤。

梨树高5~10米。小枝粗壮，幼时有柔毛。叶呈椭圆形或卵形，长10厘米左右。伞形花序，5~9朵簇生于小枝顶端，花5瓣，为纯白色，具香味。果为卵形或近球形，9月成熟，是我国主要的水果之一。

梨，树姿优美，枝撑如伞，叶圆如大叶杨。春季开花，先花后叶或花叶同出，花色洁白，多如繁星，清香阵阵，绚丽娴静。人们常用"带雨梨花"来形容落泪美女，由此可以看出梨花之美。细雨中，它轻盈如风，凌空飘逸；阳光中，它晶莹如玉，温润洁净；月光中，它朦胧如雪，冰清玉洁。不管在哪种环境下，它都能把不同的美淋漓尽致地表现出来。梨花具有很高的观赏性，它那素淡的芳姿及淡雅的清香自古以来就受到文人的赞美。它的果实是一种常见的水果，可生食，也可制梨脯、梨膏、酿酒，以及药用。

山　桃

　　山桃又名"花桃""野桃"，为蔷薇科桃属多年生落叶小乔木。在我国主要分布于黄河流域各地。为喜阳树种，耐寒、耐旱，不耐水涝，对土壤适应性强，一般土质都能生长。

　　山桃树高2~10米，树皮光滑呈暗紫色。叶呈椭圆状披针形，长5~10厘米。花为白色或淡粉红色，花期为3~4月。果为球形，直径3厘米。

　　山桃花先叶开放，而且花期特别早，寒冬未尽就已经盛开，格外惹人喜爱。山桃花朴实、壮观，颇有大山的豪放与野性。常棵棵相连，在漫山遍野间肆意地开放，开得尽兴，开得烂漫。在晨光中眺望远山，一片粉红映入眼帘，犹如天上的彩云跌落人间，将满山装点得一派春光明媚。山桃花花朵娇艳，具有很高的观赏性。在园林中宜成片种植，如果能以绿树为背景，则更能显出花之娇艳。也可以孤植、丛植在公共绿地，更可植于湖畔、池旁、路边，都能构成园林佳景。

皂 荚

皂荚又名"皂角"，为豆科皂荚属落叶乔木。分布很广，在我国东北、华北、华东、华南以及贵州、四川均有分布。喜光，稍耐阴，喜温暖湿润的气候，耐寒，耐旱。对土壤要求不高，在沙土地、盐碱地上均能正常生长。生长缓慢，但寿命很长，可达600~700年。种植7~8年才能开花结果，结果期长达数百年。

皂荚树高15~30米，树冠呈扁球形，树皮灰黑色。枝条上有刺，小枝为灰绿色。一回羽状复叶，小叶6~14枚，长卵形，缘有细齿，长3~8厘米。总状花序，腋生，花梗上有绒毛，花萼钟状，花为黄白色，花萼、花瓣各4片。荚果较肥厚，长12~20厘米，黑棕色。

树冠宽广，枝叶茂密，荚果较大，有一定的观赏价值。宜作庭荫树及"四旁"（村旁、路旁、水旁、宅旁）绿化树种。果荚富含胰皂质，因此可煎汁代替肥皂用，种子榨油可做润滑剂。木材坚硬，很难加工，但是耐磨、耐腐，可作建筑用的柱与桩。

臭 椿

臭椿又名"椿树",因散发臭味而得名,为苦木科臭椿属落叶乔木。喜光,耐寒,耐旱,但不耐水湿,长期积水会导致生长不良,严重的会烂根致死。

臭椿树高可达30米,胸径1米以上,树皮为灰黑色或灰白色,树冠呈伞形或扁球形。枝条粗壮。奇数羽状复叶,小叶有13~15枚,卵状披针形。圆锥花序顶生,花杂性,比较小,花色白而略带绿色,花瓣5~6枚。翅果,扁平,成熟时为淡红褐色或褐黄色。

树高干直,树冠圆整,叶大浓荫,秋季树上挂满果实,颇为壮观,是一种非常好的观赏树和庭荫树。在德国、法国、英国、印度、美国、意大利等国常作行道树,颇受赞赏,被人们称为"天堂树"。具有隔声、杀菌、抗污染、吸滞粉尘、吸收有害气体的作用,能抵抗氯气、氟化氢、二氧化硫等有害气体,是工矿区绿化的良好树种。木材轻韧有弹性,硬度适中,可供建筑、家具、农具等用。木材的纤维较长,是造纸的上等材料。种子还可以榨油。

有些地方有"摸椿"的风俗,除夕的晚上,小孩子要去摸椿树,而且还要绕着椿树转几圈,祈求快点长高。还有些地方的小孩子,要在正月初一早上抱着椿树念:"椿树椿树你为王,你长粗,我长长。"

香 椿

香椿为楝科香椿属落叶乔木。原产于我国中部,现全国各地均有栽培。喜光,不耐阴,有一定的耐寒力。喜肥沃、深厚、湿润的沙质土壤。

香椿树高10米左右,树皮为暗褐色。小枝粗壮。偶数羽状复叶,小叶12~20枚,长椭圆形,长10~15厘米,全缘或具有不明显钝锯齿。幼期为紫红色,成年期为绿色,背面为红棕色,具香味。圆锥花序,两性花,较小,钟状,白色,具香味。果近卵形或狭椭圆形,长2厘米左右,成熟时为红褐色。

香椿自古以来就是我国人民熟知和喜爱的特产树种。它树体高大,树干耸直,树冠庞大,枝叶茂密,是良好的行道树、庭荫树。在园林中配植于疏林,做上层骨干树种,其下栽种喜阴的花木,俏丽可爱。木材为红褐色,有光泽,坚重,富有弹性,纹理直,结构细,不翘不裂,耐水湿,是建筑、造船、家具等的优质用材,有"中国桃花心木"的美称。嫩芽、嫩叶可作蔬菜食用,营养丰富,别具风味,并具有食疗作用,主治痢疾、胃痛、风湿痹痛、外感风寒等症。

丝棉木

　　丝棉木又名"白杜""明开夜合""桃叶卫矛"，为卫矛科卫矛属落叶小乔木。广泛分布于辽宁、河北、陕西、甘肃、山西、山东、河南、江苏、浙江、江西、安徽、福建等省。为暖温带树种，喜光，稍耐阴。耐寒，耐旱，也耐水湿，在肥沃、湿润、排水良好的土壤中生长良好。

　　丝棉木树高6~8米，树冠呈卵形或圆形，树皮为灰褐色。小枝细长，近四棱形，绿色，无毛。单叶对生，宽卵形或椭圆状卵形，长5~10厘米，边缘有细锯齿。3~7朵成聚伞花序，黄绿色，径7毫米左右。蒴果为粉红色或带黄色，直径1厘米左右。

　　丝棉木姿态优雅，枝条纤细，叶片秀丽，秋季叶色变红，粉红色的果实在枝梢能悬挂很久，开裂后露出橘红色假种皮，非常美观，是良好的庭院观赏树。在庭院中，可配植于墙垣、屋旁、庭石及水池边，也可作为绿荫树栽植。对氯气、氟化氢、二氧化硫有较强的抵抗能力，吸收有害气体的能力强，可作为大气污染地区的绿化树种。木材为白色，非常细致，可供雕刻用；根皮和树皮均含硬橡胶；种子可榨油，供工业用。

台湾相思

　　台湾相思又名"台湾柳""相思树"，是含羞草科金合欢属常绿乔木。原产于我国台湾地区，菲律宾也有分布。现我国江西、福建、广东、广西、海南等省均有栽培。喜光，不耐阴，耐干旱、贫瘠。对土壤要求不高，在沙质土、酸性粗骨质土和黏性的高岭土中均能生长。

　　相传，在很久以前，有三位大陆人同去台湾垦荒。当地恶霸独霸土地，他们非常生气，打死了恶霸，然后躲入山中的三棵大树上。但最后还是被发现了，并被活活烧死在树上。人被烧死了，但树没被烧死，还长得更加茁壮茂盛。后来人们为了纪念他们，就把这三棵树的种子带回大陆，并撒播在南国的土地上。这种树从此就在大陆生根繁衍，便是如今的"台湾相思树"。

　　台湾相思树高可达15米，胸径20厘米左右，树皮为灰褐色。分枝粗大。小叶退化，叶柄奇特，呈披针形叶片状，弯似镰刀，革质，长6~10厘米。头状花序单生或2~3个簇生于叶腋，黄色，有微香。荚果扁平，为暗褐色。

　　台湾相思树体态婀娜多姿，树冠浓密，枝条柔韧，犹如风中的柔柳般轻松洒脱。花开的季节，一粒粒金黄色的柔软小花，似明艳的黄色绒球，密密地挂在浓绿的枝叶间，让人顿时有一种温馨的感觉。木材褐色，具有光泽，花纹美观，坚韧致密，富有弹性，干燥后一般不会开裂，供车辆、轮船、枕木、家具、农具等用材。树皮含单宁23%~25%，为栲胶原料。花含芳香油，可做调香原料。叶富含养分，是良好的绿肥。

柽　柳

柽柳又名"西湖柳""三春柳""红荆条""山川柳"，为柽柳科柽柳属落叶小乔木或灌木。原产于我国，分布很广，湖北、甘肃、河北、山东、河南、江苏、浙江、安徽、福建、广东等省均有分布。喜光，耐热，耐旱也耐水湿。

柽柳树高5~7米，树皮为红褐色。枝细长，下垂。叶互生，小而密生，呈鳞片状，长1~3毫米，呈浅蓝绿色。花于夏、秋开放，为粉红色，花萼、花瓣各5片。蒴果3裂，10月成熟。

柽柳树形美观，姿态婆娑，枝叶纤秀，花期很长，每年5~9月，不断抽生出新的花序，花谢了又开，开了又谢，几个月里，三开三落，绵延不绝，因此人们称它为"三春柳"。在庭院中多做绿篱，也可栽在草坪或水边，供观赏。它还是良好的盐碱地改良树种，在盐碱地上种柽柳后可有效降低土壤的含盐量。木材坚重致密，可制农具；树皮含鞣质，可制栲胶；嫩枝、嫩叶可入药，具有祛风、解表、解毒、利尿的功效。

栾 树

　　栾树又名"灯笼树""黑色叶树",为无患子科栾树属落叶乔木。原产于我国北部和中部,朝鲜、日本也有分布。生长速度,喜光,稍耐阴,喜温暖湿润的气候,抗寒能力强,能耐−20℃的低温。

　　栾树树高可达15米,树皮为灰褐色,树冠呈圆球形或伞形。小枝无顶芽,稍有棱。奇数羽状复叶,小叶7~15枚,卵形或卵状披针形,长5~10厘米,边缘有不规则的粗锯齿。圆锥花序顶生,花瓣4~5枚,金黄色。蒴果三角状卵形,状似灯笼,成熟时为红褐色或橘红色。

　　栾树树形端正,树姿优美,枝叶秀丽,春季嫩叶为红色,夏季满树黄花,秋季叶子变黄,紫红色的果实,犹如一个个小灯笼,悬挂满树,"灯笼"随风摇摆,发出沙沙的声音,好似由远处传来的乐声。栾树是常见的庭院观花、观果树种,也是最受欢迎的行道树和风景树。木材较脆,容易加工,可作器具、板料等;叶可提制栲胶;花可作黄色染料;种子可榨油,供制肥皂及润滑油。

山茱萸

山茱萸为山茱萸科山茱萸属落叶小乔木。分布于我国浙江、安徽等地。为暖温带植物,喜光,稍耐阴,耐旱也耐湿,在湿润、肥沃、排水良好的土壤中生长良好。

山茱萸高10米左右,树皮为灰褐色。嫩枝为绿色,老枝为黑褐色。单叶对生,呈卵形或卵状椭圆形,长5～12厘米,叶两面有毛。伞形花序,总苞为黄绿色,花瓣金黄色,呈舌状披针形。核果为椭圆形,红色至紫红色。

早春小花金黄一片,入秋叶色鲜艳,簇果如珠,绯红如滴,是优美的观果树种,可种植于园林中作为观赏树。果肉可入药,即中药的"茱萸肉",为重要的强壮剂和补血剂。

民间传统认为,在重阳节登高时佩戴茱萸可以避灾祸。

柿 树

柿树为柿科柿属落叶乔木。在全国各地均有栽培。喜温暖环境，较耐寒，根系比较发达，吸收水分和肥力的能力强。喜深厚、肥沃、富含有机质、排水良好的土壤或黏性土。

柿树高15~20米，树皮为暗灰色，树冠呈圆锥形，小枝上有褐色的毛。单叶互生，革质，叶呈椭圆状卵形或倒卵形，表面为深绿色，有光泽，入秋以后变为黄色或红色。花雌雄异株或杂性同株，单生或聚生于新枝叶腋，开始为乳白色，慢慢变为乳黄色。果为扁球形，红色或橙黄色，9~10月成熟。

柿树树形优美，枝繁叶大。夏季叶浓绿，秋季叶变红；丹果似火，是良好的观叶、观果树种。园林中可孤植、群植于草坪周围、池畔、湖边、园路两旁以及建筑物附近。柿树还具有吸收二氧化硫等有害气体的功能，对氟化氢的抗性较强，可在大气污染较轻的地区栽培，作为果树或绿化树种。柿子果形丰满，果色橙黄或红色，有"事事如意"的寓意，因此常被人们用来作为果品花篮的主题材料。木材坚硬，不翘不裂，可制家具。果实除食用外，还可加工成柿面、柿饼，可制醋、酿酒。柿蒂、根皮可入药。

白蜡树

白蜡树又名"青榔木""水白蜡""白荆树"，是木樨科白蜡属落叶乔木。我国东北南部、华北、黄河流域、长江流域及华南、西南均有分布。白蜡树是喜光树种，稍耐阴。喜温暖湿润的气候，喜湿怕涝，非常耐寒。对土壤要求不高，在中性、碱性、酸性土壤中均能生长。

白蜡树树高可达15米，树皮为黄褐色，树冠呈卵圆形。小枝光滑无毛。奇数羽状复叶，小叶5~9枚，一般为7枚，卵状披针形或卵圆形。表面无毛，背面沿脉有短柔毛，边缘有齿。花单性或两性，雌雄异株。圆锥花序顶生或侧生于当年新生的枝条上，大而疏松。花萼钟状，没有花瓣。翅果倒披针形，10月成熟。

白蜡树树形优美，树干通直，树皮光滑，枝叶繁茂而鲜绿，秋季叶子会变为橙黄色，是优良的遮阴树和行道树。白蜡树耐水湿，抗烟尘，对氯气、氟化氢等有较强的抗性，还能吸收二氧化硫、汞蒸气等有害气体，可用于湖岸绿化和工矿区绿化。

白蜡树除供观赏外，还是我国重要的经济树种之一。主要用来放养白蜡虫，制取白蜡。白蜡为我国著名特产，也是我国传统的出口物资，在工业上用途广泛。白蜡树木材坚韧，供制胶合板、家具、农具等。枝条可用来编筐。

毛泡桐

　　毛泡桐又名"绒毛泡桐""紫花泡桐"，为玄参科泡桐属落叶乔木。原产于我国，主要分布在黄河流域，北方各省普遍栽培。喜光，不耐阴，根系近肉质，较耐干旱，怕积水。在土壤深厚、肥沃、疏松、湿润的条件下生长迅速，不耐盐碱。

　　毛泡桐树高15~20米，树冠宽大，呈圆形，树皮为灰褐色，有白色斑点。小枝粗壮，幼枝被腺毛。单叶轮生或对生，卵形，背面有毛，全缘或3~5裂。聚伞状圆锥花序，花萼5裂，浅钟状，密生星状绒毛。花冠呈漏斗状钟形，紫色。蒴果为卵圆形，长3~4厘米。

　　毛泡桐树树姿优美，树干通直，枝叶茂盛，花大且色彩绚丽，甚是美观。春天繁花似锦，夏天绿树成荫，宜做庭荫树、行道树。而且叶大被毛，能吸附烟尘，吸收二氧化硫、氟化氢等有害气体，对氯气、硫化氢的抗性较强，适于工矿绿化。在北方平原地区，人们实行农桐间作，可达到粮丰林茂的效果，是重要的速生用材以及"四旁"（村旁、路旁、水旁、宅旁）绿化及结合生产的优良树种。材质优良，可供建筑、家具、乐器等用，也可供外贸出口。

梓　树

　　梓树又名"水桐""黄花楸""大叶梧桐"，为紫葳科梓树属落叶乔木。广泛分布于我国甘肃、陕西、山西、湖北、四川、河南等省。喜光，稍耐阴，喜温暖湿润的气候，不耐干旱和贫瘠，较耐寒。喜肥沃、深厚的土壤，能耐轻盐碱地。

　　梓树高约20米，树冠呈椭圆形或倒卵形，树皮为灰色或灰褐色。幼枝带紫色，被毛并有黏质。单叶对生或轮生，圆形或阔卵形，不分裂或掌状3~5浅裂。圆锥花序顶生，花冠为黄白色或淡黄色，内有2条黄色条纹和紫色斑点。蒴果细长，形状如豇豆，冬季悬垂不落。

　　树冠宽阔，春天花朵繁盛，妩媚悦目，果实悬挂如豇豆，甚是美观。可做行道树、庭荫树。对氯气、二氧化硫等有害气体的抗性较强，能吸滞灰尘，可作为工矿区的绿化树种。木材软而轻，可供乐器、家具等用。根皮可入药，有杀虫、清热、解毒的功效。

蜡 梅

　　蜡梅又名"香梅""黄梅"，为蜡梅科蜡梅属落叶灌木。原产于我国陕西、湖北等省，北京以南各地广泛栽培。喜光，稍耐阴，耐旱，忌水湿，有一定的耐寒力，喜深厚、排水良好的沙质土壤，在黏性土及盐碱地生长不良。

　　蜡梅树高可达3米。枝为红棕色，方形，有椭圆形突出皮孔。单叶对生，近革质，椭圆形至椭圆状披针形，长6~15厘米，全缘，叶面为深绿色，比较粗糙，叶背为淡绿色，很光滑。花单生，直径约2.5~4厘米，外部花被片黄色，有蜡质光泽，卵状椭圆形，内部的渐短，密布紫褐色条纹，冬春先叶开放。果托坛状，小瘦果种子状，为栗褐色，有光泽，8月成熟。

　　蜡梅花开于寒月早春，花黄如蜡，清香四溢，给人们带来融融春意，深受人们

喜爱。蜡梅多种植于庭院中、建筑物两侧、山石旁或草坪、道路、房前屋后等，如果能以竹、松、垂柳为背景，效果更好，制成瓶花、盆花也独具特色。我国传统喜用蜡梅与南天竹配植，黄花红果，色泽分明，相得益彰，极得造化之妙。蜡梅鲜花可提取芳香油，烘制后的花为名贵药材，有解暑生津、顺气止咳的功效。根具有祛风、解毒、止血的功能。

蜡梅常见的栽培变种有以下几种：

磬口蜡梅：叶宽大，长达20厘米。花比较大，直径3～3.6厘米，外轮花被片淡黄色，内轮花被片有红紫色边缘和条纹，盛开时花被片内抱，花期较早，而且很长。

素心蜡梅：花较大，一般直径3.5厘米左右，内外轮花被片均为黄色，香味较浓。比较名贵，江南多栽培。

狗牙蜡梅：叶狭长而尖，花比较小，花瓣长尖，中心花瓣呈紫色，有微弱的香气。

小花蜡梅：花比较小，直径仅0.9厘米左右，外轮花被片黄白色，内轮有红紫色斑纹，栽培较少。

每一变种中都包含了相当丰富的栽培品种和品系，如磬口蜡梅中有"乔种""虎蹄"等，素心蜡梅中有"杭州黄""扬州黄""吊金钟""十月黄"等。它们在着花密度、花色、香气、花期及生长习性等方面各具特点。

含　笑

含笑又名"含笑梅""香蕉花""山节子"，为木兰科含笑属常绿灌木。原产于我国华南地区，现全国各地均有栽培。常见的同属有深山含笑、紫花含笑。深山含笑为高大乔木，叶子比一般含笑要大，花白色。紫花含笑，顾名思义开紫色花，花色艳丽。

含笑树高2~5米，树冠呈圆形，树皮为灰褐色。枝多而密，小枝上密被褐色绒毛。单叶互生，椭圆形或倒卵状椭圆形，革质，嫩绿色，有褐色绒毛，全缘。花单生于叶腋间，小而直立，乳白色或乳黄色，单叶互生，椭圆形或倒卵状椭圆形，革质，全缘，嫩绿色。花单生于叶腋间，小而直立，圆形，乳白色或乳黄色，花瓣6枚，边缘常带紫晕，肉质，有浓郁的香蕉气味，花香四溢，花常不完全开放，犹如含笑的美人。荚果线状圆柱形，长2~2.5厘米，直径约2毫米，9月成熟。

含笑树形美观，枝叶终年浓绿，清秀文雅，花香浓郁，为著名的芳香观赏花木，是中国常见的传统名花之一，在我国园林中应用频率非常高，孤植、丛植于各类景观中都非常优美。含笑具有吸收氯气的功能，可用于工矿区绿化、美化，还可做盆栽观赏。含笑的花可窨制茶叶，也可以提取香精，花蕾可供药用，有祛瘀生新的功效。

瑞　香

　　瑞香又名"露甲""睡香""蓬莱紫""风流树"等，为瑞香科瑞香属常绿灌木。原产于我国长江流域，现湖北、湖南、四川、江西、浙江等省均有分布。喜阴凉通风的环境，怕强光直射，尤其怕高温高湿的气候，因为烈日照射后，潮湿会引起萎蔫死亡。不耐寒，喜肥沃、湿润、排水良好的微酸性土壤。

　　瑞香树高1.5~2米，枝细长，光滑无毛。单叶互生，长椭圆形至倒披针形，表面深绿而且具有光泽，长5~8厘米，无毛，全缘。花较小，簇生于枝顶端，花被筒状，直径约1.5厘米，为白色、紫色、黄色或淡红色，具芳香。核果肉质，圆球形，红色。

　　瑞香四季常绿，早春开花，花香浓郁，有"花贼""夺花香"之称，与其他花卉种植在一起，只能闻到它的香味，其他花的香味好像都消失了一样。瑞香在2~3月开花，花期长达一个多月。最适合种植于路旁、林下或假山、岩石之间，如果将其修剪为球形点缀在松柏之间，则风趣倍增。瑞香根可入药，具有祛风通络、祛瘀止痛的功效；花可以提取芳香油；茎皮纤维是良好的造纸原料。

南天竹

南天竹又名"南天竺""天竺"，为小檗科南天竹属常绿灌木。原产于我国，长江流域各省均有栽培，印度、日本也有分布。喜光，也耐阴，在强光下，叶色会变红。在肥沃、排水良好的沙质土壤中生长良好。

南天竹高2米左右，丛生而少分枝。幼枝为红色。2~3回奇数羽状复叶，互生，小叶呈椭圆状披针形，长3~10厘米，薄革质，两面无毛。顶生圆锥花序，花白色，较小。浆果球形，初为绿色，成熟时为鲜红色。

南天竹树姿潇洒，茎干丛生，枝叶扶疏，叶子开始为黄绿色，慢慢变为绿色，秋、冬季则变为红色，形状如竹叶，因此得名"天竹"。果穗状如珊瑚，鲜红夺目，圆润光洁，经久不凋，是优良的观花、观果花木。在园林中，常植于山石旁、庭院房前或草地边缘。

南天竹的常见栽培变种有以下几种：

锦丝南天竹：又称"丝南天"，植株矮小，叶细如丝，观赏效果极好。

玉果南天竹：又称"玉珊瑚"，小叶翠绿色，入冬不转红，果实成熟时为黄白色或黄绿色。

紫果南天竹：又称"五彩南天竹"，植株矮小，叶狭长，叶色多变，果实成熟时为淡紫色。

太平花

太平花又名"北京山梅花"，为虎耳草科山梅花属落叶灌木。原产于我国西部和北部，北方各地庭院多有栽培。喜光，能耐强光，对土壤的适应性强，能在干旱贫瘠的土地上生长，耐轻度盐碱土，但不耐水涝。

宋朝时，太平花在四川剑南一带被称为"丰瑞花"，后有人将它献至汴梁（今开封），宋仁宗赐名"太平瑞圣花"。金兵攻进汴梁城后，将太平瑞圣花移到了金中都以及北京的西郊。金朝灭亡以后，金中都的太平花被毁弃了，而移种到北京西郊的却开了花。清朝皇帝把它移至圆明园和畅春园。后道光帝下令将"瑞圣"二字去掉，就叫"太平花"。此名简捷祥瑞，一直沿用至今。

太平花树高1~3米，树皮为栗褐色。小枝为紫褐色，光滑无毛。单叶对生，卵状椭圆形，长3~6厘米，边缘有小齿，一般表面和背面均无毛，有时背面腺腋有簇毛。花为乳白色，具香味。蒴果呈陀螺形，9~10月成熟。

太平花枝繁叶茂，花乳白素雅，清香宜人，花期较长，具有一定的观赏价值。宜植于廊下、窗前、林缘和草地一隅，更是做自然式花篱或大型花坛的好材料。在古园林中，种植在假山石旁，既得体又美观。

八仙花

八仙花又名"紫阳花""绣球花"，为虎耳草科八仙花属落叶灌木。原产于我国江南各省，现全国各地均有栽培。栽培的变种和品种很多，常见的有圆锥八仙花、大八仙花、齿瓣八仙花、紫茎八仙花、银边八仙花、蔓性八仙花、蓝边八仙花等。

八仙花树高可达4米。小枝粗壮，皮孔很明显。单叶对生，较大，为倒卵形或椭圆形，浅绿色而有光泽，长7~20厘米，边缘具粗锯齿。花球较大，顶生，伞房花序，几乎全为不育花，每朵有4枚扩大的萼片，呈花瓣状，为白色、粉红色或蓝色。

八仙花绿叶葱葱，清雅柔和，花序大，呈球形，开花时节，花团锦簇，花色能红能蓝，美艳可爱。花期长，每簇花可开两个月之久，是非常好的观赏花木。由于它喜阴凉环境，南方庭院可配植于庇荫处，如林下、林缘及山石北面。它能吸收大气中的汞蒸气，对二氧化硫的抗性较强，也可用于工矿区绿化。

情人节除了送玫瑰外，还可以送八仙花，表示纯洁的爱。

锦带花

　　锦带花又名"山芝麻""五色海棠""海仙花",为忍冬科锦带花属落叶灌木。原产于我国东北、华北及华东北部,日本、朝鲜也有分布,现在我国各地均有栽培。喜光,耐寒,对土壤的适应性强,能耐贫瘠土壤。

　　锦带花树高3米左右,树形呈圆筒状。有些枝条会弯曲到地面,小枝细弱,幼时有2列柔毛。单叶对生,为卵状椭圆形或椭圆形,长5~10厘米,有短柄,边缘有锯齿,表面脉上有毛,背面毛更多。花1~4朵成聚伞花序,花冠呈漏斗状钟形,玫瑰红色,裂片5枚,花期4~6月。蒴果为柱形,种子细小,果期10月。

　　我们从"锦带花"这个名字就能领悟它的非凡之美。它枝叶繁密,花色艳丽,花期长,是理想的观赏和绿化树种。在园林中适宜于庭院角隅、湖畔群植,也可在林缘、树丛做花丛、花篱配植,对氟化氢抗性强,可做有污染的工矿绿化。

接骨木

接骨木又名"扞扞活""公道老""大接骨丹"，为忍冬科接骨木属落叶灌木。原产于温带和亚热带地区，我国各地均有栽培。喜光，耐寒，耐旱，也耐水湿。

接骨木高4~6米。枝光滑无毛，有皮孔。奇数羽状复叶，对生，小叶5~11枚，椭圆状披针形，长5~12厘米，表面和背面都光滑无毛，边缘有锯齿，把叶片揉碎后，会散发出臭味。圆锥状聚伞花序顶生，花冠辐状，为白色至淡黄色。花期为4~5月。浆果状核果，红色或紫黑色，球形，6~7月成熟。

接骨木枝叶繁茂，叶色浓绿，叶形美观，春天白花盛开，夏、秋浆果鲜艳可爱，是良好的观赏灌木，宜植于林缘、草坪或水边。对氯气的抗性强，可用于城市、工厂的绿化。根、叶、枝均可入药，有行瘀止痛、祛风活血的功效，主要用于骨折、水肿、风湿性关节炎、跌打损伤、大骨节病及慢性骨炎等症。

白 兰

白兰，花朵洁白，香若幽兰，因而得名。又名"白缅花""白玉兰""把兰"，为木兰科含笑属常绿乔木。原产喜马拉雅地区及马来半岛，我国云南、浙江、广东、广西、福建、台湾等地广为栽培。白兰喜光照充足的环境，不耐阴，但怕高温和强光直射，在疏松、肥沃、排水良好的微酸性土壤中生长良好，忌积水和烟气。

白兰树高10~17米，树皮为灰白色，树冠呈倒卵形。幼枝常绿。单叶互生，长椭圆形，革质，青绿色而有光泽。花单生于叶腋，花瓣8枚，白色或略带黄色，呈长披针形，长3~4厘米，有浓郁的香气，花期为6~10月。

白兰树姿优美，叶子青翠碧绿。盛花时节，在碧绿色的叶丛间，一朵朵小白花或待放、或半含、或盛开，妩媚动人，姿态万千。叶、花的观赏性都很高，南方多栽于园林、庭院和道路旁。根、叶、花均可入药，具有利尿化浊、止咳化痰、芳香化湿的功效。花朵可以窨制茶叶和提炼香精。

白兰花

（郭沫若）

小小白兰花并没有什么新奇，
清甜的香韵倒可和春兰相比。
淡青色的叶子经常显得鲜腻，
护惜着花朵，怕无端受了风雨。
上海姑娘们喜欢在街头叫卖，
那卖花的声音真是十分可爱。
"白兰花呢！"清脆得比我们香甜，
因此，使我们的香韵添了一倍。

榆叶梅

榆叶梅又名"小桃红""榆梅",为蔷薇科李属落叶灌木或乔木。产于我国东北、华北,南至江苏、浙江,现各地均有栽培。喜光,耐旱,耐寒,不耐水涝。

榆叶梅树高2~5米。枝为紫褐色,粗糙。叶为宽椭圆形至倒卵形,边缘有锯齿。花近白色或粉红色,常1~2朵生于叶腋,花柄很短,先叶开放或花叶同放,花期为4~6月。核果近球形,红色,直径1~1.5厘米,有毛,果期6~7月。

榆叶梅枝叶繁茂,叶似榆树叶,早春开花,花繁色艳,花色、花形似梅花,果实成熟时压满枝头,别具风格。宜栽于公园草地、路边、湖畔、庭院中的墙角。如配植山石处,或衬以常绿树,观赏效果更好。与连翘、金钟花等搭配种植,红黄花朵竞相争艳,颇为美观,也适宜盆栽和做切花。

榆叶梅的常见变种有以下几种:

单瓣榆叶梅:花单瓣,为粉白色或粉红色。花朵小,花瓣、花萼均为5片,与野生榆叶梅相似,小枝呈红褐色。

复瓣榆叶梅:花复瓣,为粉红色。

重瓣榆叶梅:花重瓣,为红褐色,花朵大,因此又称"大花榆叶梅"。观赏价值较高,开花时间比其他品种晚。

截叶榆叶梅:叶先端截形,花为粉色。较耐寒,东北、华北各地栽培供观赏。

紫　薇

紫薇又名"痒痒树""惊儿树"，为紫薇千屈菜科紫薇属落叶乔木。喜阳光充足和温暖湿润的气候，稍耐阴，有一定的抗寒能力，不耐涝。对土壤要求不严，但在肥沃、排水良好的碱性土壤中生长最好。

紫薇树高3～10米，树皮易脱落。幼枝呈四棱形。单叶对生，椭圆形、长椭圆形或倒卵形，长3～7厘米。圆锥花序着生于当年枝端，花有红、白、紫等色，花径3厘米左右，花期长。蒴果近球形，果期7～9月。

紫薇树姿优美，树干光洁，花朵繁茂，花色艳丽，多数为紫色，故而得名。除了开紫色花的紫薇外，还有开红色花的红薇、开白色花的白薇、开紫带蓝色花的翠薇等。紫薇的花期很长，从夏天开到秋天，长达三个月之久，因此有"百日花"之称。特别是在高温的盛夏，紫薇柔枝碧叶，花开满树，烂漫娇艳，观赏价值极高。常被栽植于建筑物前、河边、池畔、草坪中、院落四周及公园中的小径两旁。紫薇对氯气、氟化氢的抗性较强，能吸收二氧化硫等有害气体，还具有吸滞粉尘的功能，是城市、居民区、工厂绿化的好选择。紫薇的枝条非常柔软，可任意盘曲。因此常被盘扎编制成花篮、花瓶等天然装饰品，为庭院花圃增添美景。

代　代

　　代代又名"苦橙""回青橙""苏枳壳"等，为芸香科柑橘属常绿灌木或小乔木。我国贵州、四川、江苏、浙江、广东等省均有栽培。代代喜阳光充足、湿润的环境，喜肥，稍耐寒。对土壤的要求不高，在疏松、肥沃、排水良好、富含有机质的微酸性土壤中生长最好。

　　代代树高2~4米，树干为绿色。枝具短棘刺，嫩枝有棱角。叶革质，椭圆形至卵状椭圆形，长5~10厘米，浓绿色。花一朵或几朵簇生于枝端叶腋，总状花序，花萼5裂，裂片为卵圆形。花为白色，花瓣5枚，香味浓郁。果呈扁圆形，橙黄色，12月成熟。

　　代代的果实有一个特性，能在树上挂2~3年而不脱落。在同一棵树上，隔年花果同存，几代的果实同挂，因此得名"代代"。代代的果实最初为青绿色，慢慢变为橙黄或橙红色，第二年夏季又由橙黄或橙红色转为青色，而且还能继续长大，因此有"回青橙"的美称。

　　代代枝繁叶茂，叶片碧绿，叶形奇特，终年常青，一年多次开花，以春花最多，花色洁白，香气浓郁。花谢以后，果实压满枝头，是良好的观叶、观花、观果树种。可栽植在假山旁、道路两边，或丛植、列植于草坪边缘。代代果实只能观赏，不能食用。代代花和茉莉、白兰一样，可以熏茶，称为代代花茶；叶、花、果可提取芳香油；果皮、果实还可入药，有理气宽中、化痰止泻、消积化食的功效。

蒲 葵

蒲葵又名"蓬扇树""扇叶葵"，为棕榈科蒲葵属常绿乔木。产于华南、中南半岛，在我国福建、广东、广西、台湾普遍栽培，江西、湖南、四川、云南也有引种。蒲葵喜光照充足的环境，略耐阴，不耐寒，耐一定程度的水涝及短期浸泡。喜肥沃、湿润、富含有机质的黏土壤。

蒲葵树高达10~20米，树干粗壮，不分枝，有密接的叶痕形成的环纹。叶较大，直径达1米以上，扇形，丛生于树干顶端。掌状深裂成多数裂片，一般有40~50个。叶的裂片呈长条形，顶端下垂。叶柄长1~1.5米，坚硬，叶柄下部的边缘生有倒刺。圆锥花序长达1米，分枝多而疏散，花两性，比较小，一般4朵集生，花冠3裂，花瓣近心形。果椭圆形至阔圆形，形状如橄榄，成熟时为蓝黑色或黑色，果期11月。

蒲葵的外形和棕榈很像，但还是很容易区分。棕榈树干较小，叶片小而坚硬，叶的裂片顶端不下垂。蒲葵树形优美，树叶长久不落，是良好的观赏植物，可栽培在马路两旁以供观赏或做行道树。蒲葵全身是宝，树干可做梁柱；叶脉可制牙签；嫩叶可制蒲扇；老叶制蓑衣、席子；果实及根、叶可入药。

火 棘

　　火棘又名"救军粮""火把果""红果"，为蔷薇科火棘属常绿小灌木或小乔木。原产于我国甘肃、陕西及黄河以南地区。喜阳光充足的生长环境，稍耐阴，耐干旱、贫瘠，略耐寒。对土壤的要求不高，但在深厚、排水良好的土壤中生长最好。

　　火棘树高约3米。枝呈拱形下垂，侧枝呈短刺状。单叶互生，卵圆形至长圆形，长1.5~6厘米，边缘有钝锯齿。复伞房花序，花白色，直径1厘米左右，花期3~4月。梨果近球形，为橘黄、橘红、深红色，呈穗状，每穗有果10~20个。

　　火棘枝叶茂盛，白花繁密，果实成串生长，密密层层，压弯枝梢，9月底就开始变红，且能留存很久，经冬不落，是比较理想的春季观花、冬季观果植物。不管是散植于林缘树下、丛植于草坪边缘，还是栽植成路边花篱，都能给人以美的享受。秋天果实红艳，犹如珊瑚，是做观果盆景的好材料。火棘果实除鲜食外，还可酿酒、制成糕点。

石　楠

石楠又名"扇骨木""千年红"，为蔷薇科石楠属常绿灌木或小乔木。原产于我国中部和南部，印度尼西亚、日本也有分布。石楠喜阳光充足的环境和温暖的气候，稍耐阴，也有一定的耐寒力，能耐短期−15℃的低温和干旱、贫瘠，怕水涝。

石楠树高可达4~6米，树冠呈球形。小枝为灰褐色或绿色，光滑无毛。单叶互生，长椭圆形至倒卵状椭圆形，长8~20厘米，边缘有细锯齿。初为红色，后渐变成绿色，具有光泽。复伞房花序顶生，花两性，较小，为白色。梨果球形，直径5毫米左右，10月成熟，熟时为红色，后变为紫色。

石楠树形端正，枝繁叶茂，早春嫩叶鲜红，秋天红果挂满枝头，颇为美观。园林中可列植、丛植或作基础栽植。对二氧化硫的抗性较强，可作为大气污染较轻地区的绿化树种。根皮能制取栲胶；种子可榨油；叶、茎、根均可入药，有镇痛、解热、利尿、补肾的功效。

紫 荆

紫荆又名"苏芳花""满条红""紫珠"等，为苏木科紫荆属落叶灌木或小乔木。分布于我国华北、华东、西南、中南以及甘肃、陕西、辽宁等地。喜阳光充足、温暖的环境，耐旱，不耐涝，不耐寒。

紫荆树高可达15米。枝为灰褐色，小枝无毛。单叶互生，叶脉呈掌状，叶片近圆形，长6~13厘米，全缘。花先叶开放，为紫红色，4~10朵簇生于2~4年的老枝上，花期4~5月。荚果为红紫色，扁带形，果期7~9月。

紫荆干直丛生，花期较早，早春繁花簇生于老干和枝间，花大而密，形似蝴蝶，满树紫红，非常艳丽，故有"满条红"之称。花谢之后，开始长出叶片，叶片呈心形，也非常美丽。单植、列植于庭院、建筑物前，非常得体，而且美观，也可丛植于草坪边缘，丛植时可与其变种白花紫荆混栽，紫白相间，效果更佳。若与黄玫瑰并植，开花时紫金相映，相得益彰。紫荆还可盆栽，也是良好的插花材料。树皮、根皮、花等均可入药，有利尿、解毒、活血通络、消肿止痛的功效。

椰 子

椰子又名"椰树"，为棕榈科椰子属常绿乔木。原产于西太平洋岛屿，我国云南、海南、台湾栽培历史悠久，已有2 000多年。喜高温、湿润、阳光充足的环境。生长的适宜温度为24℃～25℃，不耐干旱，也不耐长期水涝，喜海边和河岸的深厚冲击土。

椰子树高15～35米，树冠整齐，树干挺直。叶长3～6厘米，羽状全裂，裂片呈线状披针形。叶柄粗壮，长1米以上，基部有网状褐色棕皮。肉穗花序腋生，长1.5～2米，总苞为舟形，最下一枚长1米左右，雌花呈圆球形，雄花呈扁三角状卵形。坚果近球形或呈倒卵形，每10～20枚聚为一束，较大，长15～30厘米，直径可达20厘米，果期7～9月。

椰子苍翠挺拔，是热带地区主要的园林绿化树种，可做行道树，或丛植、片植。椰子是世界上最重要的十种树种之一，也是棕榈科中最重要的经济作物，它全身是宝，有"宝树"的美誉。椰子的花序可制取糖液，供饮料；椰干是重要的油源，可制成椰奶、椰茗，配成椰子酱、椰子糖等；椰汁是清凉的饮料；叶可编席；椰衣可制扫帚、绳索、船缆、地毯等，其细纤维又是隔音板、沙发椅、床垫的优良垫料。

贴梗海棠

  贴梗海棠又名"铁角梨""皱皮木瓜",为蔷薇科木瓜属落叶灌木。喜阳光充足的环境,不耐阴,耐干旱,耐寒,在湿润、肥沃、排水良好的土壤中生长良好。我国南部、西部栽培较多,国外也有引种栽培。

  贴梗海棠株高1~2米。枝直立而开展,有刺。单叶互生,呈椭圆形至长圆形,叶缘有不规则的锯齿,托叶很大,呈肾形,长3~9厘米,无叶柄,似抱茎。花簇生于两年生枝条的内部,先叶开放或与叶同放,花瓣5枚,为橘红色、猩红色或淡粉色,也有乳白色。花梗非常短,贴枝而生。果为球形或卵形,黄绿色或黄色,具芳香,10月份成熟。

  贴梗海棠花姿优美,艳丽高雅,犹如娴静的淑女,妩媚动人,雨后清香犹存,自古以来就是雅俗共赏的名花,素有"花尊贵""花贵妃""花中神仙"之称,常与玉兰、牡丹、桂花相配植,形成"玉棠富贵"的意境。贴梗海棠还深受文人墨客的喜爱,苏轼在名诗《海棠》中写道:"东风袅袅泛崇光,香雾空蒙月转廊。只恐夜深花睡去,故烧高烛照红妆。"陆游称其"虽艳无俗姿,太皇真富贵"。

  贴梗海棠的果实为我国特有的珍稀水果之一,其营养价值堪与猕猴桃相媲美,有"百益之果"的美称。

西府海棠

　　西府海棠又名"子母海棠""小果海棠"，是蔷薇科苹果属落叶灌木或小乔木。原产于我国，甘肃、陕西、山西、河北、山东等地区普遍栽培。西府海棠喜阳光充足的环境，也有一定的耐阴力。适应性较强，耐旱、耐寒，对土壤的要求也不高，一般在排水良好的土壤中都能生长，但忌盐碱地。

西府海棠高3~7米。小枝为紫红色，圆柱形，幼时有淡黄色绒毛。叶呈椭圆状长圆形或椭圆形，长5~8厘米，边缘有锯齿，齿端有腺体，表面没有毛。叶柄粗壮，有黄白色绒毛。花单生于小枝顶端，花梗短而粗，仅长5~10毫米，花瓣为倒卵形，淡红色，花期3~4月。梨果近球形，深黄色而具有光泽，果肉味微酸。

西府海棠花型较大，4~7朵成簇而生，朵朵向上，花色艳丽，犹如胭脂点点，在绿叶的映衬下，显得更加娇媚，再加上空气中弥漫的浓浓香味，让人心旷神怡，仿佛置身于仙境一般。西府海棠是著名的观赏花卉，在园林中无论是孤植、列植，还是丛植都能给人美的享受。北京天坛、颐和园和故宫御花园等皇家园林中都种有西府海棠。

棣 棠

棣棠又名"黄榆叶梅""黄度梅""麻叶棣棠"等,为蔷薇科棣棠花属落叶丛生灌木。喜温暖、半阴的环境,不耐寒,不耐旱。

棣棠株高1~2米。小枝终年绿色,略呈曲折状,无毛。单叶互生,为卵形或卵状椭圆形,长2~8厘米,宽1~3厘米。先端渐尖,基部近圆形或截形,背面有短柔毛。花单生侧枝顶端,花梗长1厘米左右,无毛。花为金黄色,直径3~5厘米,花瓣近圆形或长圆形,长2~2.5厘米,花期4~5月。瘦果为扁球形,褐黑色。

在繁花似锦的四五月,百花争艳,棣棠花也盛开了,金灿灿的色彩染黄了一片大地。它的颜色鲜艳夺目,人们会被那醒目的光泽所吸引,不由自主地走到它跟前,驻足欣赏。它枝条上的一朵朵五瓣花和一根根直立的花蕊,像用金帛雕琢、金丝镶嵌而成,人们不禁赞叹其精巧美妙。棣棠可丛植于林缘、水畔、墙垣、坡地及草坪边缘,也可栽做花篱、花径,或用来点缀假山,景观效果非常好。花还可入药,有助消化、止痛、消肿、止咳的功效。

碧　桃

　　碧桃是蔷薇科李属落叶小乔木。喜阳光充足的环境，耐旱，不耐寒，在肥沃、排水良好的土壤中生长良好。原产于中国，现世界各国均有栽培，我国栽培碧桃的历史悠久，至少有3 000年。碧桃是果桃的变种，花后大多不结果，是著名的观赏花卉。

　　碧桃树最高可达8米，一般3~4米，树皮为灰色，主干粗壮。小枝无毛，为红褐色。叶呈椭圆状披针形，长7~15厘米。花单生或两朵生于叶腋，重瓣，粉红色，变种有深红、白等色，花期3~4月。

　　碧桃花色艳丽，妖艳媚人。红的似火，白的似雪，粉的似胭脂，点缀在绿色中，一片明媚，一派生机，把世界装点得更加春意盎然，是园林中不可或缺的观花树木。常群植、孤植或栽植于建筑物附近，也可做盆栽观赏。

　　碧桃的常见品种有以下几种：

　　白碧桃：花瓣呈椭圆形，为白色，花径3~5厘米。

　　鸳鸯桃：花为水绿色，成双结果实。

　　寿星桃：花比较小，为红色或白色。

　　垂枝碧桃：枝条下垂，花有粉红、纯白、艳红等色。

　　撒金碧桃：花瓣为长圆形，在同一花枝上能开出两色花，多为白色或粉色，还有的粉色花瓣上有白色条斑，白色花瓣上有粉色条斑，花径4~5厘米。

　　千瓣红碧桃：花瓣3轮以上，内轮花瓣为红色，外轮花瓣为粉红色。

洋金凤

　　洋金凤又名"蛱蝶花""金凤花""黄金凤""黄蝴蝶""蛱蝉花"，为苏木科云实属常绿灌木。原产于热带地区，我国南方地区常有栽培。喜温暖湿润、阳光充足的环境，稍耐阴，不耐寒，在富含腐殖质、排水良好的微酸性土壤中生长良好。

　　洋金凤树可高达3米，枝疏生刺。二回羽状复叶，对生，小叶倒卵形，柄很短。总状花序顶生或腋生，花瓣为圆形，橙红色或黄色，花梗较长，可达7厘米。荚果为长条形。

　　洋金凤树姿清秀，花形轻盈，犹如蝴蝶游戏在绿叶间，时而静止不动，时而翩翩起舞。最吸引人眼球的是那长长的雄蕊，它悄悄地从花冠中探出头来翘首张望，仿佛要把世界看个清清楚楚。洋金凤花色艳丽，花期长，全年满布红色花簇，是优良的园林花境植物，适于篱垣、花架攀缘绿化。种子可榨油或药用。

山梅花

山梅花为虎耳草科山梅花属落叶灌木。在我国陕西、甘肃、河南、四川等省均有分布。喜温暖湿润、阳光充足的环境,耐寒,耐热,怕水涝。对土壤的适应性强,在肥沃、排水良好的土壤中生长最好。

山梅花树高2~5米,树皮为褐色。老枝为灰褐色,小枝为红褐色,密生柔毛,后慢慢脱落。叶对生,呈卵形或长椭圆形,长5~10厘米,宽3~5厘米,先端尖,基部圆,边缘疏生锯齿,表面为绿色,疏生短毛,背面为淡绿色,密生柔毛,有3条明显的主脉。总状花序,有花5~11朵,花为白色,直径约3厘米,花瓣4枚,为圆卵形。

每年的6~7月,山梅花的花朵一簇簇地盛开了,在绿叶红枝的衬托下,更加美丽。雪白如玉的花瓣和淡黄的花蕊散发出阵阵清香,香味甜润高雅,沁人心脾。可在庭院、街道、公园内栽植,美化环境。若与山石、建筑等配植,效果更好。山梅花也是难得的蜜源植物。

醉鱼草

醉鱼草又名"闹鱼花""鱼尾草",为马钱科醉鱼草属落叶灌木。主要分布于长江流域以南各省,山东、河南等省也有分布。其适应性强,喜温暖湿润的气候,在深厚、肥沃的土壤中生长良好,但不耐水湿。

醉鱼草植株高可达2米。枝为四棱形,嫩枝被棕黄色细毛。单叶对生,呈卵形或长椭圆状披针形,长5~10厘米。表面无毛,青绿色,背面有棕黄色星毛,叶柄较短。穗状花序顶生,扭成一侧,稍下垂,长7~25厘米,密生紫色小花,花期6~8月。蒴果为矩圆形,长5毫米左右,具鳞片,10月成熟。

醉鱼草枝繁叶茂,夏季开花时淡香悠远,颜色瑰丽,蝴蝶纷纷闻香而来,绕其翩翩起舞,因此人们给它起了一个美丽的别号——蝶爱花。那"醉鱼草"这个名字又是怎么来的呢?这是因为它的茎和根能挥发一种独特的香味,鱼闻了之后,就像喝醉了酒一样,悬浮在水中,不再游动,因此需要注意,不要在鱼塘附近栽培。醉鱼草具有较高的观赏价值,可丛植于草坪边缘、甬道两侧、宅旁墙角等处增添景色。

紫丁香

紫丁香又名"情客""百结""龙梢子",为木樨科丁香属落叶灌木或小乔木。原产于我国北部至四川等地。喜阳光充足的环境,稍耐阴,若长期庇荫,开花少或不开花。较耐寒,耐干旱,怕水涝。在肥沃、湿润、排水良好的沙质土壤中生长良好。

紫丁香树高4~5米,树冠多呈圆球形,树皮为灰褐色。枝条粗壮,小枝为黄褐色,初被短柔毛,后慢慢脱落。单叶对生,呈卵形或倒卵形,长4~8厘米,宽4~10厘米,端锐尖,基截形或心形,全缘,表面和背面均无毛,叶柄紫色。顶生圆锥花序,长6~15厘米。花为紫色、蓝色或紫红色,具芳香,花期3~4月。蒴果呈长圆形,扁而平滑,9月成熟。

紫丁香枝繁叶茂,花色艳丽,芳香袭人,是著名的观赏树种,还具有吸收二氧化硫的功能,因此被广泛栽植于庭院、厂矿、居住区,常丛植于建筑物前,散植于草坪之中、园路两旁,或与其他植物配植,效果非常好,也可盆栽观赏。花香浓郁,可提制芳香油。叶可入药,有清热祛湿的功效,民间常用来止泻。

紫丁香的变种为白丁香,叶子比较小,背面有柔毛,花为白色。早在宋代,人们就已广泛栽培紫丁香了。那时有人在土岗上用丁香点缀假山园景,称为"丁香嶂"。紫丁香是哈尔滨市的市花,因此,哈尔滨又有"丁香城"之称。

白刺花

　　白刺花又名"苦刺花""狼牙刺""马蹄针"，因其叶片细小，形态很像槐树的叶子，又有"小叶槐"之称，为豆科槐属落叶灌木。在我国甘肃、陕西、山西、河北、河南、江苏、浙江、四川、湖南、湖北等省均有分布。白刺花喜阳光充足的环境，不耐阴，耐寒，耐干旱，怕积水，对土壤的适应性强，在肥沃、疏松、排水良好的沙质土壤中生长最好。

　　白刺花的植株单生或丛生，高1~3米，树干为深黑褐色。新枝为绿色，被短柔毛，老枝为暗红褐色，直伸，有锐利的针状刺。奇数羽状复叶，长4~7厘米，具短柔毛。小叶11~21枚，呈长倒卵形或椭圆形，长4~12毫米，宽4~7毫米，先端圆，具小尖头，基部圆形，叶面为墨绿色，背面颜色较表面浅，具短柔毛。托叶小，呈针刺状。总状花序生于短枝顶端，略下垂，有花6~12朵，花萼为杯形，长6~7毫米，紫蓝色，被短毛。花冠为蓝白色，蝶形，有芳香。荚果呈串珠状，长3~6厘米，直径0.5厘米左右，先端具长喙，无毛，成熟后为黄褐色。

　　白刺花在春季开放，花色素雅，蓝白相间，恰似蓝天白云的色彩，并散发淡淡的清香。夏秋季节，叶色浓绿，冬季叶子凋落以后，露出黑褐色的树干，有古朴之感。可片植、丛植于草坪、林地边缘等处，也可做绿篱或盆栽观赏。

木芙蓉

　　木芙蓉又名"拒霜花""三变花""地芙蓉"，为锦葵科木槿属落叶灌木或小乔木。喜温暖、阳光充足的环境，稍耐阴，不耐寒，耐水湿，怕干旱。对土壤的要求不严，一般土壤均可生长，但在肥沃、湿润、排水良好的沙质土壤中生长最好。原产于我国，黄河流域至华南地区均有栽培，以湖南、四川最盛，成都有"蓉城"之称。

　　木芙蓉树高3～8米，直径可达20厘米。枝密生星状毛。叶互生，卵形或阔卵圆形，3～5浅裂，裂片呈三角形，先端尖或渐尖，叶缘有锯齿。花单生于枝端叶腋，有粉红、红、白等色，花期8～10月。蒴果扁球形。

　　我国栽培木芙蓉的历史悠久，已有3 000多年。根据花的颜色，木芙蓉可分为白芙蓉（花色洁白）、红芙蓉（花大红色）、五色芙蓉（色红白相嵌）。还有一种更为奇特，早晨初开时为白色，中午的时候变为浅红色，晚上变为深红色，人们形容其"晓妆如玉暮如霞"，称其为"三醉芙蓉"。木芙蓉花色艳丽，形似牡丹，绚丽夺目。可孤植、丛植于路旁、墙边、厅前等处，非常适宜配植于水滨，开花时节，繁花似锦，波光花影，分外妖娆。

美蔷薇

美蔷薇又名"野蔷薇""油瓶子""山刺玫""买笑""刺红",为蔷薇科蔷薇属落叶灌木。在我国甘肃、陕西、山西、河北、山东等省均有分布。喜阳光充足的环境,耐半阴,耐干旱、贫瘠,不耐水湿。耐寒性较强,在我国北方的大部分地区都能露地越冬。对土壤的适应性强,在黏重土壤中均能正常生长,但在深厚、肥沃、疏松、排水良好的湿润土壤中生长最好。

美蔷薇树高1~3米。小枝散生,为紫红色,无毛,具皮刺,刺宽扁,稍弯曲。奇数羽状复叶,小叶5~9枚,卵形或长椭圆形,长1~3厘米,宽1~2厘米。先端圆钝或急尖,基部圆形,边缘有尖锐锯齿,表面为绿色,无毛,背面为灰绿色,被柔毛,沿中脉有小皮刺,托叶倒卵状披针形,表面和背面无毛或背面被柔毛。花单生或2~3朵簇生,直径约5厘米。花梗长1厘米左右,密被腺刺。花瓣为宽倒卵形,粉红色,花期5~7月。果呈深红色,椭圆形,长约2厘米,密被刺毛,果期8~9月。

美蔷薇枝繁叶茂,叶色翠绿,粉红色的花瓣芳香迷人,红色的果实似小油瓶挂在枝头,颇为美观,是良好的观叶、观花、观果植物。可孤植、列植于公园、草坪中,也可用于公路两侧的绿化。花可提取芳香油,果能酿酒。花、果入药,有健脾、调经、养血活血的功效。

金露梅

　　金露梅又名"金老梅"，为蔷薇科委陵菜属落叶灌木。我国东北、华北、西南、西北各地均有分布。喜阳光充足、凉爽的环境，不耐高温，夏季要适当遮阴，耐寒性较强，能耐-50℃的低温。在中性、微酸性排水良好的湿润土壤中生长较好。

　　金露梅树高可达1.5米，树冠呈球形，树皮为灰褐色，多分枝。幼枝被丝状毛。奇数羽状复叶，小叶3~7枚，一般为5枚，密集，呈长椭圆形或条状长圆形，全缘，边缘反卷，表面和背面均有丝状柔毛。单生或数朵集生成伞房花序状，黄色，直径2~3厘米。花梗上有丝状长毛，花期6~7月。瘦果为卵圆形，褐色，密生长柔毛，果期8~9月。

　　金露梅花色鲜艳，花期长，可做花坛布景，也可做绿篱，配植于岩石园或高山园，效果更好，还是良好的瓶插材料。花和叶可代茶作饮品。

海州常山

海州常山又名"泡花桐""臭梧桐""后庭花""追骨风""泡火桐""八角梧桐",为马鞭草科大青属落叶灌木或小乔木。在我国河北、山东、天津、陕西等地均有分布,日本、朝鲜、菲律宾也有分布。喜阳光充足的环境,稍耐阴,耐干旱,怕水涝,耐盐碱性强。对土壤的适应性强,在肥沃、湿润的土壤中生长良好。

海州常山高可达8米。嫩枝为棕色,具黄褐色短柔毛。单叶对生,呈卵圆形,长5~15厘米,表面和背面近无毛,全缘或有波状齿。聚伞花序顶生或腋生,花冠为白色或粉红色,细长筒状,顶端5裂。核果近球形,成熟时为蓝紫色。

海州常山植株繁茂,花形别致,整个花序可出现白色或粉色花冠、红色花尊和蓝紫色果实的丰富色彩。秋季果实成熟时,犹如颗颗彩珠,折射出幽幽的光泽,安逸中透出成熟的魅力。海州常山是优良的观花、观果花木,可孤植、丛植于庭院中供观赏。

紫　珠

　　紫珠又名"白棠子树"，为马鞭草科紫珠属落叶灌木。在我国华东、中南、西南各地均有分布，越南、日本也有分布。喜阳光充足、温暖湿润的环境。

　　紫珠的植株高1~2米。小枝纤细，略带紫红色，具星状毛。单叶对生，呈卵状披针形，长4~15厘米，宽2~3厘米，边缘有细锯齿。表面仅脉上有毛，背面有红色腺点。聚伞花序腋生，花蕾为粉红色或紫色，花朵有粉红、淡紫、白等色。果实近球形，成熟后为紫色且有光泽。

　　紫珠株形优美，花色丰富，娇柔清淡。10~11月果实成熟时，一片丰收的美景展现在你的眼前，果实色彩鲜艳，颗颗珠圆玉润，犹如一粒粒紫色的珍珠镶嵌在枝干上，既高雅又尊贵。紫珠花美果也美，常在庭院中栽种观赏，也可用于园林绿化。将其花枝剪下插入白色的花瓶中，摆放在桌上，极为雅致，也可送给女性朋友，有美丽、优雅的赞美之意。

茶条槭

　　茶条槭为槭树科槭属落叶灌木或小乔木。喜阳光充足、湿润的环境，耐寒，对土壤的适应性强，在潮湿、排水良好的土壤中生长最好。

　　茶条槭株高为5~8米。单叶对生，呈卵形或椭圆状卵形，长约5厘米。表面为深绿色且有光泽，无毛，背面有白色柔毛。边缘有锯齿。花为白色，有芳香，花期4~5月。翅果为红色。

　　茶条槭树形优美，树干洁净，叶片在秋季变为红色、黄色或橘黄色，非常醒目。但这些美丽无法掩盖它果实的娇艳。盛夏，在茶条槭深绿色的叶丛中，就闪烁出火红色的翅果。它的颜色艳丽出众，造型别致，悬挂在树梢，飘摇中显示出火一般的热情。茶条槭是良好的观赏树种，可在庭院中栽植观赏，也可栽做行道树及庭荫树。木材可供小农具、炭薪用材，嫩叶经过加工，可制成茶叶，有退热明目、生津止渴的功效。种子可榨油。

琼 花

琼花又名"聚八仙花""蝴蝶花""木绣球""牛耳抱珠",为忍冬科荚蒾属落叶或半常绿灌木。琼花原产于我国,甘肃、湖北、四川、山东、江苏、浙江、河南等地均有分布。较耐寒,对土壤的适应性强,一般土壤中均能正常生长,但以肥沃、湿润的土壤为佳。

琼花的植株高可达8米,树冠呈球形。幼枝有星状毛,老枝为灰黑色。叶对生,呈椭圆形或卵形,背面有星状毛,边缘有锯齿。聚伞花序生于枝端,周围8朵5瓣白色花为不孕花,中间珍珠似的白花为可孕花,花期4~5月。核果呈椭圆形,初为红色,后变为黑色,10~11月成熟。

琼花没有艳丽的花色,也没有浓郁的芳香,在一片姹紫嫣红中,它的花洁白如玉,清秀淡雅,展现出一种与众不同的美。更美的是它的花形,白色大花中间环绕着珍珠似的小花,簇拥着犹如蝴蝶一般的花蕊。微风吹过,轻轻摇摆,像蝴蝶戏珠,又似八仙翩翩起舞,风姿绰约,因而深受人们喜爱,人们还给它起了一个形象而又好听的名字——聚八仙。每到秋天,群芳落英缤纷,琼花却展现出另一种美——绿叶红果,红绿相映,经久不落,一扫秋日的萧瑟,点染了亮丽的色彩和欢快的气氛。

北宋诗人欧阳修在扬州琼花观内建"无双亭"并赋诗:"琼花芍药世无伦,偶不题诗便怨人。曾向无双亭下醉,自知不负广陵春。"张问在《琼花赋》中写道:琼花"俪靓容于茉莉,笑玫瑰于尘凡,惟水仙可并其幽闲,而江梅似同其清淑。"

琼花的寿命很长,在扬州的大明寺中有一株300多年前(清朝康熙年间)种植的琼花,现在依然叶繁花茂,姿态优美,风韵不减当年。

鸡　麻

　　鸡麻又名"白棣棠",为蔷薇科鸡麻属落叶小灌木。我国东北、华北、华中、华东、西北等地均有分布,日本也有分布。喜阳光充足的环境,也有一定的耐阴力。怕涝,耐寒,在疏松、肥沃、排水良好的土壤中生长良好。

　　鸡麻植株高2米左右。老枝为紫褐色,小枝初为绿色,后慢慢转为浅褐色。单叶对生,卵形至椭圆状卵形,长4~10厘米,宽3~5厘米,叶面皱褶,幼时被柔毛,后逐渐脱落。边缘有尖锐重锯齿。花单生于当年新枝顶端,直径3~5厘米,花瓣4枚,呈倒卵形,白色,萼片4枚,卵状椭圆形,边缘有锯齿,花期4~5月。核果为褐色或黑色,倒卵形,长8毫米左右,果期7~8月。

　　鸡麻花洁白纯净,白色花瓣惬意地舒张开来,享受着明媚的阳光,清风吹来,摇曳生姿。清秀的叶子好像也被花的美丽所陶醉,静静地享受这份美丽,给人一种安逸、平和的氛围,让人心情平静,倍感舒坦。适宜丛植于假山石旁、水池岸边或草地一隅。

洋紫荆

　　洋紫荆又名"艳紫荆""红花紫荆""香港樱花"，为豆科羊蹄甲属常绿小乔木。因其叶端2裂，样子像羊蹄甲，因此又被称为"红花羊蹄甲"。原产于我国南方及东南亚，香港地区多见野生，香港居民有人称它为"香港兰花"。喜温暖湿润、阳光充足的环境，在酸性土壤中生长良好。

　　洋紫荆树高3~4米，树皮为灰褐色。叶互生，基部为心形，形如羊蹄，绿色。花瓣5枚，为紫红色，有芳香。

　　洋紫荆是良好的观赏树种，它树形端庄，叶色翠绿，花朵如兰花，姣美悦目。花期持久，深受人们的喜爱。适宜做绿荫观花树，还具有吸收烟尘的功能，也适合做行道树。它的嫩叶、花芽、花及幼果均可食用。树皮含单宁，可用做染料和鞣料。花朵、树皮和树根均可入药。

　　洋紫荆是香港市市花。1997年7月1日香港特别行政区成立，中央政府把一座高6米的金紫荆铜像赠给香港，这座铜像名称为"永远盛开的紫荆花"，寓意香港永远繁荣昌盛。铜像安放的广场被命名为"金紫荆广场"，广场上空飘扬着中国国旗及香港特区区旗。

桦叶荚蒾

　　桦叶荚蒾是忍冬科荚蒾属落叶灌木或小乔木。在我国甘肃、贵州、陕西、山西、湖北、湖南、四川、云南等省均有分布，在阴湿的环境中生长良好。

　　桦叶荚蒾高2~3米。小枝为黑褐色或紫色，稍具棱角，散生圆形凸起的浅色小皮孔，无毛或初生时微被毛。叶对生，纸质或略革质，呈菱状卵形、宽卵形或宽倒卵形，长2~8厘米，宽2~6厘米。边缘有齿。叶柄较细，长1~3厘米。复伞形状花序顶生或侧生，直径5~12厘米，无毛或具星状毛，花萼筒长1~2毫米，具腺体或密被星状毛，花冠长3毫米左右，为白色，无毛，花期5~6月。果近球形，直径约6毫米，成熟时为红色。

　　桦叶荚蒾叶、花、果都很美，是优良的观赏灌木。树形优美，枝叶繁茂，花开之际如白雪覆压枝头，秋季红果累累，晶莹剔透，在黄叶的衬托下，显得更加美丽。可孤植或丛植于庭院、草坪、岩石假山下，也可群植于风景区。果实可食用及酿酒；茎皮可供纺织；种子可榨油。

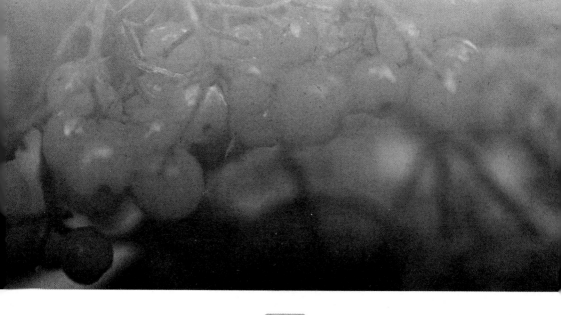

小叶丁香

　　小叶丁香又名"四季丁香""野丁香""二度梅"，为木樨科丁香属落叶灌木。生长于海拔2 200米左右的山谷灌丛中。在我国辽宁、河北、河南、山西、陕西、甘肃、湖北均有分布。喜阳光充足的环境，也有一定的耐阴力。适应性较强，耐旱，耐寒，耐贫瘠，对土壤的要求不高，但在疏松、肥沃、排水良好的中性土壤中生长良好，忌酸性土。可用播种、扦插、分株、嫁接等方法繁殖。

　　小叶丁香的植株高2~3米。幼枝为灰褐色，疏被短柔毛，后逐渐脱落。叶对生，呈椭圆形或狭卵形，长2~5厘米，宽1~3厘米，先端钝或渐尖，基部楔形至宽楔形，全缘，有缘毛。圆锥花序疏松，长4~8厘米，花萼呈钟形，花冠为淡紫红色。蒴果呈圆柱形，长1~2厘米，为绿褐色。

　　小叶丁香树姿优美，枝条柔细，花色淡雅，芳香袭人，且一年开两次花。宜孤植、丛植于庭院、草坪、学校、医院，也可群植于风景区、厂矿区。若与其他常绿灌木配植，观赏效果更好。花可提取芳香油，也可入药，可治胃寒呕逆、吐泻等症。

假朝天罐

假朝天罐又名"茶罐花""罐罐花""蛊蛊花""痢疾罐""张天师""小尾光叶",为野牡丹科金锦香属灌木。在我国西藏、贵州、湖北、湖南、四川、云南、广西等地均有分布,缅甸和印度也有分布。适应性较强,耐晒,耐旱,对土壤的要求不高,但在湿润的酸性土壤中生长良好,宜播种繁殖。

假朝天罐株高0.2~1.5米,也有少数可达2.5米。枝有平展的刺毛。叶对生,坚纸质,呈椭圆形、卵状披针形或长圆状披针形,长5~10厘米,宽2~4厘米,全缘,两面被糙伏毛。叶柄长2~15毫米,密被糙伏毛。总状花序,或由聚伞花序组成顶生的圆锥花序,苞片2枚,卵形,长4毫米左右。花瓣4枚,为紫色或白色,呈倒卵形,长约2厘米,具缘毛,花期8~11月。蒴果为卵圆形,长1~2厘米。

假朝天罐为夏、秋季观花植物,可用来布置花坛,或栽于庭院周围以供观赏。也可盆栽点缀厅堂、阳台。根、叶可入药,具有活血解毒、收敛止血的功效。

千头柏

　　千头柏又名"凤尾柏""扫帚柏""子孙柏",为柏科侧柏属常绿灌木。在我国各地多有栽培。为温带树种,适应能力强。喜阳光充足的环境,光照不足会导致枝叶稀疏。对土壤的要求不高,但必须排水良好,否则易烂根。

　　千头柏高3～5米,树冠呈圆球形或卵圆形,树皮为浅褐色。幼枝为鲜绿色,扁平,排成平面而斜展。叶呈鳞状,紧贴幼枝,表面和背面均为绿色。3～4月开花,球花单生于幼枝顶端。球果肉质,呈卵圆形,蓝绿色,被白粉,10～11月成熟,成熟时为红褐色。

　　千头柏树冠丰满,酷似绿球,可对植于门庭、纪念性建筑周围,也可孤植、丛植于花坛,或列植成绿篱。此外,它对二氧化硫有较强的抗性,可做厂矿区绿化。千头柏能散发一种特殊的芳香气味,这种气味对人的肠胃有刺激作用,若长时间闻,会影响食欲,孕妇闻的时间久了,还会感到心烦意乱,出现头晕目眩、恶心呕吐的症状。

银芽柳

银芽柳又名"银柳""棉花柳",为杨柳科落叶灌木。原产于日本,我国江苏、浙江、上海一带有栽培。银芽柳喜阳光充足、温暖湿润的环境,耐阴,耐寒,耐湿。对土壤的适应性强,在深厚、肥沃的土壤中生长良好。

银芽柳株高2~3米。枝细长,为绿褐色,新枝有绒毛。叶互生,呈长椭圆形,长10~15厘米,边缘有细锯齿,背面密被白毛。花芽肥大,每个芽都有一个暗红色的苞片,早春先叶开放,苞片脱落后,露出银白色的花序,形似毛笔。

银芽柳枝条细长,苞片脱落后,银白色的花苞闪亮动人,极具观赏价值。多做切花使用,可插入瓶中,放置在室内观赏。即使不加水,也能长时间摆放,有干花般的美感,若加水,一周换一次水即可。在园林中,常配植于河岸、池畔以及湖滨。

银芽柳成束摆放在屋内,有"银两滚进、银留家中"的吉祥寓意。而且先花后叶,花谢后嫩绿的叶芽才伸展而出,因此又有"生机长青、好运连年"之意。

小叶锦鸡儿

小叶锦鸡儿又名"小叶金雀花""牛筋条""雪里洼""黑柠条",为豆科落叶灌木。我国新疆、内蒙古、青海、宁夏、甘肃、陕西、山西、河北、山东、吉林、辽宁等地均有分布。小叶锦鸡儿喜阳光充足的环境,不耐阴,在庇荫环境下会生长不良,结实较少,甚至不结实。耐高温,夏季能耐55℃的高温,也较耐寒,在-30℃的低温下,也能生长良好。耐干旱、贫瘠,怕积水。

小叶锦鸡儿树高约3米,树皮为灰绿或黄灰色。枝斜生,幼枝有丝毛。羽状复叶,小叶12~20枚,呈倒卵状长圆形或倒卵形,长约1厘米,宽0.5厘米,有短刺尖,幼时有毛。花单生或2~3朵集生,花梗长1~2厘米,近中部有关节。花萼呈筒状钟形,长1厘米左右,密被短柔毛。花冠为黄色,蝶形,旗瓣近圆形,先端微凹,翼瓣爪长仅为瓣片的1/2,耳齿状,龙骨瓣耳不明显,花期5~6月。荚果坚硬,呈条形,长约5厘米,宽约0.6厘米,为红褐色,果期8~9月。

小叶锦鸡儿枝叶繁茂,花冠呈蝶形,开花时节满树金黄,非常美丽。适宜在庭院、小路边栽植,供观赏,也可做绿篱。小叶锦鸡儿贴地丛生,还是良好的防风固沙树种。枝条可供编织,种子可榨油,根、花可入药,有镇静、止痒、滋阴养血的功效。

花　楸

花楸又名"马加木""百华花楸""红果臭山槐"，为蔷薇科花楸属落叶乔木。喜阳光充足的环境，但怕强光直射，稍耐阴，抗寒能力较强。对土壤的适应性也强，在湿润、深厚、富含腐殖质的沙质土壤中生长最好。我国东北、华北及西北地区均有分布。多生长于海拔900米以上的山地，常分布在桦木、云杉、油松、落叶松、辽东栎等林中。

花楸树高5~10米，树冠呈广卵形至伞形，树皮光滑，呈紫灰褐色。小枝为灰褐色，有灰白色皮孔，幼时被茸毛。奇数羽状复叶，有5~7对小叶，呈椭圆状披针形，长3~5厘米，边缘有锯齿，两面均具毛。托叶呈半圆形，纸质，有粗锯齿。复伞房花序顶生，花两性，为白色，花期5~6月。果近球形，成熟时为红色。

花楸枝叶秀丽，初夏洁白的花朵在绿叶的衬托下，显得格外美丽，入秋团团红果衬于紫叶间，十分耀眼，是优良的园林观赏树种，也可剪下插入瓶中，以供观赏。果实富含维生素，可加工成果酒、果酱及果醋。

鸡树条荚蒾

　　鸡树条荚蒾又名"鸡树条子""天目琼花"，为忍冬科荚蒾落叶灌木。喜光，但怕强光直射，耐阴，耐旱，耐寒，对土壤的适应性强，在中性及微酸性土中均能生长。我国内蒙古、东北、华北、长江流域均有分布，生长于海拔1 200~2 200米的山地边缘。

　　鸡树条荚蒾树高可达3米，树皮为灰褐色。老枝为暗灰色，小枝为褐色，具明显条棱。叶呈卵圆形，长6~12厘米，通常3裂，掌状三出脉，叶缘有不规则大齿，叶面为黄绿色，无毛，叶背为淡绿色，被黄色长柔毛及暗褐色腺点。叶柄基部有两锯形托叶，顶端有2~4盘状大腺体。头状聚伞花序，边缘的白色花为不孕花，中央的乳白色花为可孕花，花药为紫红色，花期5~6月。浆果呈球形，直径1厘米左右，成熟时为鲜红色，有臭味。

　　鸡树条荚蒾树姿清秀，叶色浓绿，叶形美丽，初夏花白如雪，深秋果红似珊瑚，为优美的观花、观果树种，适宜栽植于林缘、林下、水边或屋后。果序可做插瓶用花。嫩枝、叶、果均可入药。种子可榨油，供工业用或制肥皂。

鸡爪槭

鸡爪槭又名"鸡爪枫""枫树""槭树"，为槭树科槭树属落叶小乔木。喜温凉湿润的气候，怕强光暴晒，抗寒性强。对土壤的要求不高，但在湿润、富含腐殖质的土壤中生长良好。在我国山东、江苏、河南、浙江、江西、安徽、湖南、湖北、贵州等省均有分布，日本和朝鲜也有分布。

鸡爪槭树高可达8米，树冠呈伞形或扁圆形，树皮为深灰色。小枝细瘦，为紫色或灰紫色。单叶对生，纸质，掌状5~7裂，一般7深裂，裂片长圆卵形，边缘具细重锯齿，叶面为深绿色，无毛，叶背为淡绿色，仅叶脉有簇毛。叶柄细瘦，长4~6厘米。伞房花序，花为紫色，花期5月。翅果小，嫩时为紫红色，成熟时为黄色。

鸡爪槭树姿优美，叶形美观，秋天叶子变为鲜红色，胜似红花，为著名的观叶树种。适宜植于溪边、池畔、草坪，若以常绿树做背景，更为美观。制成盆景或盆栽，用来美化室内也非常雅致。

乌　柏

　　乌桕又名"木油树""蜡子树"，为大戟科乌桕属落叶乔木。喜阳光充足的环境，稍耐阴，耐湿，耐寒，对土壤的适应性强，在多种类型的土壤中均能生长，但在湿润、深厚、肥沃的冲积土中生长最好。原产于我国，分布广泛，主要栽培区在长江流域及珠江流域，以浙江、安徽、福建、江西、湖北、四川、云南等省为主。

　　乌桕树高可达20米，树冠近球形，乳液有毒，小枝细。单叶互生，纸质，为菱形或菱状卵形，全缘，叶柄细长，顶端有两腺体。花单性，雌雄同株，花为黄绿色，花期5~7月。蒴果呈扁球形，成熟时为黑褐色。

　　乌桕的叶色随着季节的变化而不断变化，新叶绿色，夏季转为浅绿色，入秋转为红色或金黄色，是主要的秋景树种。桕子为白色，经冬不落，格外美丽。可孤植、丛植或群植于庭院、绿地、公园，也可于池畔、溪流旁、建筑物周围做庭荫树。

黄连木

　　黄连木为漆树科黄连木属落叶乔木。黄连木因其木材色黄味苦而得名。在我国分布广泛，因此还有很多别称，在湖南被称为"惜木"，在山东被称为"孔木"，还有"楷木"之称。《辞海》记载："相传楷树枝干疏而不曲，因以形容刚直。"据说，"楷模"一词就是由此而来。黄连木喜阳光充足的环境，不耐严寒，耐干旱、贫瘠。对土壤的适应性强，在中性、酸性、碱性土壤中均能生长，但在湿润、肥沃、排水良好的石灰岩山地生长最为旺盛。生长速度慢，寿命长，可达300年以上。对二氧化硫、烟尘的抗性较强。原产于我国，北自黄河流域，南至两广及西南各省均有分布，其中以河北、山西、陕西、河南等省最多。

　　黄连木树高25~30米，胸径2米，树冠近圆球形。奇数羽状复叶互生，小叶10~12枚，呈卵状披针形或披针形，长5~9厘米。顶端渐尖，基部楔形，全缘。花单性，雌雄异株，圆锥花序顶生，雌花序为紫红色，雄花序为淡绿色。花小，无花瓣，花期4月。核果呈倒卵形，直径6毫米左右，初为黄白色，成熟时变为红色、蓝紫色。

　　黄连木树冠浑圆，枝繁叶茂，早春嫩叶红色，入秋变为深红色或橙黄色，是著名的风景树。紫红色的雌花序也非常美观，可植于山谷、坡地、草坪或于亭阁、山石旁配植，若与枫香等混植，效果更佳。

　　据《云南名树古木》记载，兰坪县石登乡仁甸河村一棵黄连木高23米，胸径320厘米，树龄高达1 500年，被当地群众视为"龙树""神树"。古时黄连木常置于寺庙、墓地中，如山东曲阜孔林中的黄连木，相传为子贡庐墓时手植。

火炬树

火炬树又名"火炬漆""鹿角漆",为漆树科盐肤木属落叶小乔木。适应性强,喜阳光,怕水涝,耐干旱、贫瘠,耐盐碱,也耐酸性。原产于北美,现世界各地均有栽培,我国在20世纪50年代引种栽培。

火炬树高可达10米,树皮为暗褐色,呈不规则浅裂。小枝粗壮,密生红色绒毛。奇数羽状复叶,小叶9~23枚,呈长卵状披针形,长5~12厘米,叶面为绿色,叶背为灰绿色,两面均密生柔毛,叶缘有整齐锯齿。花雌雄异株,圆锥花序顶生,花序密生绒毛,颜色鲜红,形似火炬,花期5~7月。果为扁球形,终年不落。

火炬树入夏果穗艳红,极为美丽,秋季叶色转红,非常鲜艳,是风景区和郊野公园良好的观赏树种。此外,它根系较浅,生长速度快,可用来固堤护坡。火炬树可谓浑身是宝,叶、树皮可提取鞣酸,果实富含维生素C和柠檬酸,可做饮料,种子含油蜡,可用来制蜡烛和肥皂,木材为黄色,可雕刻或做装饰材料。

小　檗

小檗又名"子檗""山石柏""日本小檗"，为小檗科小檗属落叶多枝灌木。喜温暖、湿润、阳光充足的环境，也耐半阴。耐寒，耐干旱，怕水涝。对土壤的适应性强，但在肥沃、排水良好的沙质土壤中生长最为旺盛。原产于日本，我国辽宁以及华北、华东各地均有栽培。

小檗株高2~3米。小枝为红褐色，具沟槽，有短小针刺。单叶互生，呈倒卵形或菱形，长0.5~2厘米，叶面为深绿色，光滑无毛，背面为灰绿色，有白粉。花瓣6枚，为黄色，花期4~5月。浆果呈长圆形，长1厘米左右，熟时为红色，经冬不落。

小檗叶色鲜绿，入秋变红，春季开黄花，秋季红果缀于枝梢，尤其是冬季，叶子凋落后，红果更加鲜艳夺目，是良好的观叶、观花、观果树种，可用于布置花坛、点缀假山。紫叶小檗在绿地中与黄杨、大叶黄杨、金叶女贞相配而成的色带、色块深受人们喜爱。

紫叶李

紫叶李又名"红叶李"，为蔷薇科李属落叶小乔木。喜温暖、湿润、阳光充足的环境，稍耐阴，有一定的抗旱能力。对土壤要求不高，但在深厚、肥沃、排水良好的中性、酸性土壤中生长良好，不耐碱。原产于亚洲西南部，在我国主要分布于长江中下游及南部各省。

紫叶李的树冠呈圆形或扁圆形。小枝为红褐色。单叶互生，卵形至倒卵形，基部圆形，紫红色，边缘有重锯齿。花单生或2~3朵聚生，常单生，为粉红色，花期3~4月。果近球形，为黄绿色带紫色晕，果期6~7月。

紫叶李长期满树紫红，尤其是春、秋季，叶色更艳，是良好的观叶树种。可孤植、丛植，也可盆栽观赏。

红瑞木

红瑞木又名"凉子木""红梗木"，为山茱萸科梾木属落叶灌木。喜阳光充足的环境，耐半阴，耐寒，耐旱，对土壤的适应性强，但在湿润、深厚、疏松、肥沃的土壤中生长最好。原产于我国东北、华北、华东等地，俄罗斯、朝鲜也有分布。

红瑞木高2~3米，干直立丛生，老干呈暗红色。嫩枝为橙黄色，被蜡粉，落叶后变为紫色。叶对生，卵形或椭圆形，长4~9厘米，叶面为绿色，叶背为粉绿色，全缘。顶生伞房花序，花为乳白色，4瓣，花期5~6月。核果近圆形，为蓝白或乳白色。

红瑞木初夏白花成团，深秋叶色鲜红，白果晶莹，具有很高的观赏价值，特别是落叶以后，枝条在寒冬中红艳如珊瑚，若天公作美，降一场大雪，在白雪的衬托下，则更显艳丽，是少有的观茎树种，也是优良的切枝材料。

灯台树

灯台树又名"六角树""女儿木""瑞木"，为山茱萸科灯台树属落叶乔木。喜半阴的生长环境，适应性强，既耐热又耐寒，对土壤的要求不高，但在疏松、肥沃、湿润、排水良好的土壤中生长最好。野外多生在阴坡杂木林中或湿润的山谷河旁，能自成小群落。在我国各地可广泛栽培，东北、华北、华南、西北、西南各地均可良好生长。

灯台树可高达15米，树冠呈圆锥状，树皮为暗灰色。大侧枝层层平展，小枝为暗紫红色且有光泽，皮孔明显。单叶互生，簇生于枝梢，叶面为深绿色，叶背为灰绿色，呈广卵圆形，长6~12厘米，全缘或波状。伞房状聚伞花序生于新枝顶端，长9厘米左右，为白色，花期5~6月。核果近球形，成熟时为蓝黑色。

灯台树的树枝层层平展，形如灯台，故名"灯台树"。由于树姿优美奇特、叶形秀丽、白花雅致，被视为园林绿化珍品。

柠檬桉

　　柠檬桉又名"光皮桉""油桉"，为桃金娘科桉属常绿乔木。喜高温高湿的气候，喜光，不耐寒，耐旱，对土壤的适应性强，在疏松、深厚、肥沃的沙质土壤中生长最好。原产于澳大利亚，我国广东、广西、福建、云南、四川等地均有栽培。

　　柠檬桉树高20~40米，树干通直，树皮为灰白色，光滑，片状脱落。单叶互生，呈狭披针形或卵状披针形，稍弯曲，长10~18厘米，先端渐尖，叶面和叶背均为浅绿色，有黑腺点，散发强烈的柠檬香味。伞形花序，有花3~5朵，数个排列成腋生或顶生圆锥花序，无花瓣及花萼，无数的雄蕊把整朵花包围起来，成为最显著的部分。蒴果为卵状壶形，果期9~10月。

　　柠檬桉树姿优美，树干通直，树皮洁白，有"林中仙女"之称，多为行道树，也是理想的造林绿化树种。此外，该树种生长速度快，是南方重要的速生用材。其叶可用来提炼芳香油，制作肥皂。

迎春花

　　迎春花又名"迎春柳""金腰带""串串金""小黄花""云南黄素馨"等，为木樨科素馨属落叶灌木。喜阳光充足的环境，稍耐阴，较耐寒，怕涝。在疏松、肥沃、排水良好的酸性土壤中生长旺盛，在碱性土壤中生长不良。原产于我国北方，华北地区，以及辽宁、陕西、山东等省均有分布。

　　迎春花的老枝为灰褐色，嫩枝为绿色，枝条为四棱形，长达2米以上，呈拱形下垂。叶对生，小叶3枚或单叶，呈卵状椭圆形，长3厘米左右，表面光滑，全缘。花单生于叶腋，为黄色，花冠5裂，高脚杯状，先叶开放，具有芳香。花期较长，可持续50天之久。浆果为黑紫色。

　　迎春花在2~3月开花，花后即迎来百花齐放的春天，故名"迎春花"。它是希望、生命、活力的象征，与蜡梅、水仙、山茶并称"雪中四友"。迎春花枝条下垂，叶丛翠绿，花色金黄，端庄秀丽，气质非凡，适宜用来布置花坛，点缀庭院，是重要的早春花木。其叶可入药，可治跌打损伤、肿痛恶疮，有消肿解毒的功效。

红果仔

红果仔又名"番樱桃""巴西红果""棱果浦桃"，为桃金娘科番樱桃属常绿灌木或小乔木。世界各国常作为果树栽培，以巴西栽培较多，欧洲地中海沿岸、西印度群岛、美国、印度和菲律宾均有栽培。我国华南地区主要作为园林栽培，以广东栽培较多。红果仔喜温暖湿润、阳光充足的环境，也有一定的耐阴力。喜高温，生长的适宜温度为23℃~30℃，也较耐寒，在−3℃的低温下仍能正常生长。

红果仔树高4~5米，全株无毛。幼枝细软下垂。叶对生，革质，呈长卵形，长3~5厘米，全缘，叶色初为红色，后慢慢变为绿色，色彩斑斓。花着生于新梢先端的叶腋间，直径约1厘米，白色，具香气。浆果呈扁球形，直径1~2厘米，有8条纵棱，初为淡绿色，成熟时为深红色，具蜡质光泽。

枝叶繁茂，枝条细软，颇为美观，但更美的是果实，因其成熟期不同，同一株上的果实有不同的色彩，典雅可爱。常做道旁观赏植物，也可做盆栽观赏。果实除生食外，还能用来制作果酱、饮料以及酿酒和制糖浆。

樱　花

　　樱花又名"山樱花"，为蔷薇科李属落叶乔木。喜阳光充足、温暖湿润的环境，对土壤的适应性强，在肥沃、疏松、排水良好的沙质土壤中生长最好。原产于北半球温带，包括日本、印度、朝鲜等，我国长江流域西南山区种类较丰富，华北各地均有栽培。

　　樱花树高15~25米，树冠呈卵圆形，树皮为栗褐色，光滑而有横纹。小枝为红褐色。单叶互生，呈卵状椭圆形或卵形，长6~12厘米，叶面为深绿色且有光泽，叶背颜色稍淡，边缘有芒状锯齿，叶柄常有腺体2~4个。花单生枝顶或3~5朵簇生，呈伞形或伞房状花序，花为粉红色或白色，与叶同时开放或先叶后花。核果初为红色，后变为黑色，5~6月成熟。

　　樱花非常美丽，盛开时节，满树烂漫，如云似霞，为早春著名的观花树种，可丛植点缀绿地，也可孤植形成"万绿丛中一点红"的意境，若成片栽植，盛花时节，远远望去，一片花海，极为壮观。樱花还可作绿篱、行道树。此外，嫩叶和树皮还可入药。

　　樱花象征着纯洁、热烈、幸福、淡泊、高尚。唐代诗人李商隐曾写下"何处哀筝随急管，樱花永苍垂杨岸"的诗句。日本人非常喜爱樱花，并将其奉为国花，日本也被誉为"樱花之国"。

金钟花

金钟花又名"迎春条""黄金条""细叶连翘"，为木樨科连翘属落叶灌木。喜阳光，也有一定的耐阴力，喜温暖湿润的环境，较耐寒，对土壤的适应性强，耐干旱、水湿，耐贫瘠。原产于我国长江中下游各地，现华北地区，以及山东、重庆、四川等省市均有栽培。此外，朝鲜也有栽培。

金钟花株高可达3米。枝直立，开展，有时呈拱形，小枝为绿色，皮孔显著，髓心片状，微有四棱状。单叶对生，椭圆形至椭圆状披针形，长5~15厘米，先端尖锐，基部楔形，中部以上有粗锯齿。花先叶开放，1~3朵腋生，花冠为金黄色，花期3~4月。蒴果呈卵形，先端具喙。

金钟花早春先叶开花，满枝金黄，非常艳丽，是早春优良的观花灌木。适宜在亭阶、宅旁、墙隅、路边配植，也可栽种在池畔、溪边、岩石、假山下。

栀子花

　　栀子花又名"山栀花""黄栀子""玉荷花"，为茜草科栀子属常绿灌木。喜温暖湿润的环境，不耐寒，喜阳光，但要避免强光直射。在疏松、肥沃、排水良好的酸性土壤中生长良好。原产于我国长江流域以南各省区，现全国大部分地区都有栽培。栀子花是湖南省岳阳市的市花。

　　栀子株高1米左右，树皮为灰色，光滑。小枝为绿色，具细毛。叶对生或3叶轮生，呈倒卵状椭圆形或长倒卵形，长7～14厘米，为翠绿色且有光泽。花顶生，白色，高脚碟状，花瓣6枚，具有浓郁的芳香，花期比较长，从6月到8月。浆果为橙色或黄色，呈卵形，种子扁平。

　　栀子花枝繁叶茂，叶色翠绿，花色素雅，芳香浓郁，绿叶白花，格外清丽。适宜于池畔、阶前和路旁配植，也可盆栽观赏，还可做插花和佩戴装饰。栀子花象征永恒的爱与约定。除观赏外，其花可做茶的香料，果实、叶、根均可入药，有清热解毒的功效。木材坚硬细致，为优良的雕刻用材。

栀子

（杜甫）

栀子比众木，人间诚未多。

于身色有用，与道气伤和。

红取风霜实，青看雨露柯。

无情移得汝，贵在映江波。

草本植物观赏

石 竹

石竹又名"洛阳花""剪绒花"，为石竹科石竹属多年生草本，常作1~2年生栽培。我国南北各地均有分布，现国内外广为栽培。常见的栽培品种有常夏石竹、锦团石竹、须苞石竹等。喜阳光充足的环境，较耐干旱，怕潮湿，忌水湿。在通风、干燥、凉爽的环境中生长良好。对土壤的要求不高，以肥沃、排水良好的石灰质土壤为佳。

石竹株形低矮，仅高30~40厘米。茎直立，光滑多分枝，具节。叶对生，线状披针形或条形。花顶生于枝端，单朵或数朵簇生，形成聚伞花序，花直径不大，仅2~3厘米。花色有纯白、淡紫、粉红、大红、紫红或复色。单瓣5枚或重瓣，具有微弱的芳香，花期4~10月。蒴果呈长圆形或矩圆形，种子为黑褐色，扁圆形。

石竹形状如竹，花朵繁密，花色丰富，姿态动人。纤细的花茎上，开出一朵娇艳的小花，像孩子般天真烂漫，又似少女般纯洁无瑕。微风吹过，它轻轻摇摆，含笑点头，像是在和你打招呼，惹人怜爱。石竹是优良的观赏植物，园林中常用来布置花境或花坛，也可栽植在岩石园作点缀，或作为切花栽培。用作切花具有很好的装饰效果。全草可入药，可治水肿、闭经、尿路感染等症，有破血通经、清热利尿的功效。

国际交际场合有一个惯例，忌用石竹花、杜鹃花、菊花或者黄色的花献给客人。

地 肤

　　地肤又名"绿帚""地麦""孔雀松""扫帚草"，为藜科地肤属1年生草本植物。原产于欧洲及亚洲中部和南部地区，在我国华北地区以南均有栽培。喜阳光充足的环境，具有很强的耐旱能力，不耐寒，一经霜冻，全株都会变黄。对土壤的要求不高，耐贫瘠，在疏松、肥沃、排水良好的土壤中生长良好，在偏碱性土壤中也能正常生长。

　　地肤的植株高0.5~1米，分枝多而紧密，呈球形，有短柔毛。叶互生，为淡绿色，呈披针形或线形，长3~5厘米，全缘，有短柔毛或无毛。花较小，红色或略带褐红色，花期7~9月。果呈扁球形。

　　地肤生长力很强，耐修剪，多作为边缘植物，也可用来布置花坛或丛植于路边、对植于大门两侧，供观赏。茎可用来做扫帚。种子晒干后可入药。

飞燕草

　　飞燕草又名"千鸟草""鸽子花"，为毛茛科飞燕草属1~2年生草本植物。原产欧洲南部，我国园林中多见栽培。喜通风良好、阳光充足、高温干燥的环境，较耐寒，耐旱，怕积水和雨涝。在深厚、肥沃、富含有机质、排水良好的沙质土壤中生长良好。

　　飞燕草高可达1米以上，直立，疏被微柔毛。叶数回掌状深裂至全裂，裂片呈线形，基生叶有长柄，茎生叶无柄。总状花序顶生，花直径为2.5厘米左右，萼片5枚，呈粉白、红、紫、蓝等色，花期5~6月。

　　飞燕草植株挺拔，叶细，花序比较大，花色鲜艳，宜布置花带和花境，可植于水边、林缘，也可供做切花。

　　种子、叶、茎、根等含有萜类生物碱，其中种子的毒性最大。误食后可引起皮炎，严重的表现为体温下降、步履困难、呼吸变慢、肌肉抽搐，甚至会因呼吸衰竭而死。因此，不宜在中小学、幼儿园、居民小区及儿童活动场所栽植。

翠 雀

翠雀又名"大花飞燕草",为毛莨科翠雀花属多年生草本植物。原产于我国和西伯利亚,我国内蒙古、河北及东北地区都有野生。喜阳光充足的环境,耐半阴,耐旱。较耐寒,在我国大部分地区可露地越冬。在富含有机质、排水良好的黏性土壤中生长良好。

翠雀株高0.5~1米,茎直立,全株被柔毛。叶互生,掌状分裂,裂片呈线形。穗状花序或总状花序顶生,萼片5枚,呈花瓣状。花瓣2枚,合生,为深蓝色或浅蓝色,花期5~7月。蓇葖果在9月成熟。

翠雀花形别致,色彩淡雅,花茎细长飘逸,开花时节,犹如蓝色飞燕落满枝头,可丛植形成妙趣横生的景观,还可与其他花草一起装饰花境、花坛,也可用做切花。

醉蝶花

醉蝶花又名"凤蝶草""紫龙须""蜘蛛花""西洋白花菜"，为白花菜科醉蝶花属1年生草本。

原产于南美洲，我国各地均有栽培。喜温暖、阳光充足、通风良好的环境，能耐炎热和干旱，也耐半阴，怕水涝。在肥沃、富含腐殖质、排水良好的沙质土壤中生长良好。

醉蝶花株高可达1米以上，有黏质腺毛，散发强烈的气味。叶掌状裂开，小叶5~7枚，矩圆状披针形，两侧有腺毛，全缘。总状花序顶生，花由下而上，层层开放，花瓣为白色或玫瑰色，倒卵形，有长爪。蒴果呈圆柱形，种子浅褐色。

醉蝶花花瓣具长爪，雄蕊很长，伸出花冠之外，形状似蜘蛛，又如龙须，更似蝴蝶在飞舞，非常有趣。是花境、花坛、盆花的好材料，也可剪下花枝，插瓶水养。它还能吸收空气中的一氧化碳和二氧化碳，对二氧化硫、氯气有较强的抗性。即使是在没有光的情况下，它也能很好地发挥滤污的作用，非常适合工矿区的绿化。醉蝶花可入药，有除湿、祛风、止痛的功效。嫩叶、嫩茎还可食用。

蒲包花

　　蒲包花又名"拖鞋花""荷包花""元宝花",是玄参科蒲包花属1年生草本植物。原产于南美,我国各地均有栽培。蒲包花比较"娇气",既怕高温炎热,又怕冷,生长的适宜温度为8℃~17℃,低于5℃就会受冻,高于25℃又不利于开花。需要长时间日照,如果光照不足,花期就会推迟,又怕强光直射,不耐阴。在中性到微酸性的富含腐殖质的沙质土壤中生长良好。

　　蒲包花株高20~30厘米。叶呈椭圆形或卵形,有皱纹,具细小绒毛。花形奇特,花冠呈二唇状,上唇较小,下唇膨胀呈蒲包状。花色丰富,单色品种有白、黄、红等不同颜色。复色则在各底色上着生粉、褐红、橙等斑点。蒴果,种子细小多粒。

　　蒲包花花冠别致,花朵盛开时犹如无数个小荷包悬挂在枝头,黄的、红的、橙的、紫的、白的及各种斑纹的五彩荷包挂在绿叶间,真是美丽又有趣。蒲包花观赏价值非常高,而且在初春少花季节开放,非常难得,可做室内装饰点缀,置于室内或阳台观赏。

　　蒲包花盛开时,花团锦簇,形如荷包,有"招财进宝"的吉祥寓意,寄托了人们祈盼财富、吉祥的愿望,而且开花时间也很特别,在春节期间开放,能为人们带来欢乐的气氛,因而深受人们喜爱。

万寿菊

　　万寿菊又名"蜂窝菊""万寿灯""臭芙蓉"等，为菊科万寿菊属1年生草本植物。原产于墨西哥及美洲地区。喜阳光充足、温暖的环境，稍耐阴。较耐干旱，怕积水和酷暑。对土壤要求不高，在疏松、肥沃、排水良好的土壤中生长良好。

　　万寿菊的植株高60~100厘米，全株具异味。茎为绿色，直立粗壮多分枝。叶对生或互生，羽状全裂。裂片呈长矩圆形或披针形，有锯齿，叶缘背面有油腺点，有强烈臭味。头状花序单生，花舌状，有长爪，橘黄色或黄色，直径5~10厘米，边缘皱曲，花期8~10月。瘦果为黑色且有光泽。

　　万寿菊有矮型、中型和高型品种之分，矮型品种，顾名思义植株较矮，生长整齐，宜做花境、花坛、花丛材料，也可盆栽。中型品种花较大，而且颜色鲜艳，花期也较长，可用于点缀草坪。高型品种花梗较长，可剪下插瓶水养，能观赏很长一段时间，也可做背景材料。万寿菊花、叶均可入药，有去瘀生新、补血通经、清热化痰的功效，可用干花泡茶饮用。

波斯菊

波斯菊又名"格桑花""扫帚梅""八瓣梅""秋英"等，为菊科秋英属1年生草本植物。原产于墨西哥，我国各地广泛栽培。喜阳光充足的环境，耐贫瘠，不耐寒，忌炎热、积水。在肥沃、疏松、排水良好的土壤中生长良好。

波斯菊株高120~140厘米。茎直立而分枝，光滑或具微毛。单叶对生，长10厘米左右，线形，全缘。头状花序顶生或腋生，花茎高5~8厘米。花瓣8枚，尖端呈齿状，有白、粉红、玫瑰、深红、蓝紫色，花期9~10月。瘦果有橼。

波斯菊叶形雅致，花色鲜艳，可用来布置花境。在树丛周围、草地边缘及路旁栽植作背景材料，既美观又富有野趣，也可植于崖坡、篱边、树坛或宅旁，以供观赏。波斯菊生命力顽强，除供观赏外，还是一种良好的环保植物，可以用来监测空气中的二氧化硫含量。花还可以入药。

瓜叶菊

　　瓜叶菊又名"瓜叶莲""富贵菊""黄瓜花""千日莲"，为菊科千里光属多年草本花卉，常作1~2年生栽培。原产于西班牙加那利群岛。喜通风良好、光照充足的环境。既怕冷又怕热，夏季要避免烈日暴晒，在肥沃、疏松、排水良好、富含腐殖质的沙质土壤中生长良好。

　　瓜叶菊植株有矮有高，矮的仅高20~30厘米，高的可达90厘米，全株具柔毛。叶具长柄，形状和葫芦科的瓜类叶片很像。叶面为浓绿色，叶背有时带紫红色，叶柄比较长。头状花序，簇生成伞房状。有红、桃红、紫、蓝、白等色，还有红白相间的复色，但没有黄色，花期1~4月。

　　瓜叶菊的花期较早，在寒冬少花季节开放，尤为珍贵，花色丰富，特别是闪着天鹅绒般光泽的蓝色花，非常优雅。可做盆栽陈设在室内，也可用于布置庭廊过道、会场、剧院前庭，显得非常喜庆。此外，它还可用做切花，制作花束、花篮等。

　　瓜叶菊的品种很多，大致可分为星型、大花型、多花型和中间型，不同的类型中又有不同重瓣和高度不一的品种。

风铃草

　　风铃草又名"瓦筒花""吊钟花""钟花"，为桔梗科风铃草属两年生草本植物。原产于南欧，我国早有栽培。喜冬季温和、夏季凉爽的气候，怕强光直射。在肥沃、排水良好的沙质土壤中生长良好。

　　植株高1米左右，株形粗壮。茎有粗毛，多分枝。叶呈卵形至倒卵形，比较粗糙，叶缘呈圆齿状波形，茎生叶无柄。顶生总状花序，花冠钟状，有白、紫、蓝、红、桃红等色。

　　风铃草的花朵像一串串风铃，惹人喜爱。在微风中，粉红、粉紫、蓝色的铃铛挂在枝头，随风摇曳，仿佛能听到"叮当叮当"的响声。再加上沁人心脾的花香从小铃铛中散发出来，让人陶醉不已。风铃草植株高大，花形美观，花色丰富，可大片栽植为花带、花境，远远望去，犹如美丽的地毯铺在大地上，也可做盆栽陈设。

　　在希腊神话中，太阳神阿波罗非常喜爱风铃草。西风非常嫉妒，便将圆盘扔向风铃草的头，被击中的风铃草顿时鲜血直流，鲜血溅到地面上，便开出了花朵。所以，风铃草的花语是"嫉妒"。

金鱼草

金鱼草又名"狮子花""龙口花""龙头花""洋彩雀",为玄参科金鱼草属多年生草本植物,常作1~2年生栽培。原产于南欧地中海沿岸及北非,现在我国各地均有栽培。喜阳光充足的环境,略耐阴。如果光照不足,植株会徒长,影响开花。在肥沃、排水良好的黏质土壤中生长良好,在轻碱地上也能正常生长。

金鱼草株高20~70厘米。叶为长圆状,顶端似针形。总状花序,花冠筒状,唇形,基部膨大成囊状,上唇直立,下唇向外卷曲。花色有深红、粉红、紫红、深黄、黄橙、白等。

金鱼草花形很奇特,像在水中一扭一扭游动的金鱼,而且终年开花,是盆栽的优良花卉之一。在房间里放上一盆,整个房间的气氛顿时便会生动起来。金鱼草品种繁多,有高型种、中型种和矮生种。高型种适做带状花坛或切花用,中型种多做花坛栽培,矮生种宜用于花坛或做花坛边缘配植用,也可做盆栽观赏。对氟化氢、二氧化硫抗性强,并能把二氧化硫转化为无毒或低毒的硫酸盐化合物,也适宜配植在工矿企业等污染地区。

金鱼草这个名字中"有金又有鱼",送给朋友也就是送去了吉利。黄色金鱼草象征"金银满堂";红色金鱼草象征"鸿运当头";粉色金鱼草象征"吉祥如意";杂色金鱼草象征"一本万利";紫色金鱼草象征"花好月圆"。

吉祥草

吉祥草又名"观音草""玉带花""松寿兰",为百合科吉祥草属多年生草本。在我国分布于西南、华中、华南及陕西、江苏、浙江、江西、安徽等地,日本也有分布。喜温暖、湿润的环境,耐寒,怕强光直射。对土壤要求不高,在排水良好的沙质土壤中生长良好。

吉祥草株高5~20厘米。匍匐茎呈圆柱形,多节,分枝长10厘米左右,节间长2厘米左右。叶簇生根状茎末端,每簇3~8枚,叶为深绿色,披针形,长10~38厘米,先端渐尖,基部收缩成柄,对折。花葶为淡绿色,近圆柱形,粗3毫米左右。花序呈穗状,长2~7厘米。花被裂片6枚,白色,长圆形,背面略带紫色。花为粉红色,有香味,花期7~8月。浆果呈球形,直径0.5~1厘米,成熟时呈鲜红色,果实经久不落。

吉祥草株形优美,叶色浓绿,终年常青,名字中带有"吉祥"两字,被视为吉祥如意的象征,深受人们喜爱。盆栽置于几案,生趣盎然。南方可丛植于林下。全草可入药,有解毒、止咳、清肺、理血的功效。

紫茉莉

紫茉莉又名"胭脂花""潮来花""地雷花""夜晚花""洗澡花""官粉花""夜娇娇""入地老鼠"等,为紫茉莉科紫茉莉属多年生草本植物,常作1年生栽培。原产于南美热带地区,现我国大部分地区均有分布。喜温暖湿润、阳光充足的环境,怕烈日暴晒,不耐寒,冬季地上部分枯死,北方地区要将根部起出入地窖越冬。在南方,根部可以安全越冬而成为宿根植物,来年春季萌发成新的植株。在深厚、肥沃、疏松、富含腐殖质的土壤中生长良好。

紫茉莉株高可达1米。茎直立,节部膨大,多分枝。叶对生,卵形或卵状三角形,先端渐尖,基部截形、宽楔形或心形,全缘无齿。短聚伞花序生于枝端。苞片萼片状,5裂。花萼呈漏斗状,白色、黄色或红色。花顶生,3~5枚成一簇,花色有黄、白、粉、红、紫,并有条纹或斑点状复色,花期8~11月。果为圆形,直径5~8毫米,成熟后呈黑色,表面有皱纹,形状像地雷,不过比地雷小得多。

花朵在傍晚至清晨开放,强光下会闭合。花色丰富,形状像喇叭,形态奇特。可丛植或散植在林缘、花境、草坪周围,或大片自然栽植,或于篱旁路边、房前屋后丛植点缀。矮生种可盆栽或用于花坛。

报春花

  报春花又名"樱草""年景花"，为报春花科报春花属多年生草本植物。常作1~2年生花卉栽培。原产于我国滇北、川西、藏东等地区。典型的暖温带植物，不耐高温，一旦温度达到30℃左右，植株就会受热死亡；也不耐寒，越冬温度不能低于5℃。

  植株基部为红色。叶基生，卵形至椭圆形，长3~7厘米，叶缘有浅被状裂或缺，叶背被白色腺毛。花茎高8~30厘米，轮伞形花序，每轮均为线状披针形苞片所托，有花3~14朵，花萼钟状、管状或漏斗状，5裂。花冠呈高脚碟状或漏斗状，粉红色或蓝色，直径1厘米左右。花有纯白、深红、紫红、碧蓝、浅黄等色。蓝、白、红色花有黄蕊，还有黄花红蕊、紫花白蕊等。蒴果呈圆柱形或球形。

  在残冬尚未尽消之时，报春花便从莲座中撑开一朵朵花伞，开出红色、粉色、紫色、蓝色或白色的漏斗状或钟状的花朵，犹如悬挂着的五彩花钟，向人们报告春天即将来临，因此人们称它为"报春花"。多用于花境、花坛及镶边植物，采用几种花色来组成图案花坛，观赏效果更好。

  报春花与龙胆花、杜鹃花一起，并称为我国天然生长的"三大名花"。

勿忘草

勿忘草为紫草科勿忘草属多年生草本。原产于亚欧大陆，我国甘肃、新疆、四川、云南、江苏以及东北各省（区）均有分布。喜凉爽的气候、半阴的环境和湿润的土壤，耐寒性较强。

勿忘草植株高15~50厘米。叶互生，呈条状倒披针形或狭倒披针形，长2.5~8厘米，叶面和叶背均有毛。基生叶和茎下部叶有柄，茎上部叶无柄。总状花序顶生，无苞片，花冠高脚碟形，裂片5枚，为蓝色、白色或粉色，花期4~6月。

勿忘草株形柔美，茎枝纤细，叶片的形状很像柳树的叶子，无数朵小蓝花开满茎顶部的每个小枝，花瓣的蓝色仿佛是由天空的颜色染成的，让人充满无限遐想。花朵中央有一圈黄色心蕊，色彩搭配非常和谐。在园林中可于花境、花坛、岩石园、林缘等处种植，也可盆栽或做切花，以供观赏。它的花枝也是制作插花和礼品花束的理想材料。勿忘草因其名寓意深长，所以常作为情侣相赠之物。

勿忘草的同属植物约有50种，用于观赏栽培的品种很多，常见的有以下几种：

矮生勿忘草：植株低矮，仅有15厘米，花期长，耐湿。

丛生勿忘草：多年生草本，花序分枝或茎下部分枝，耐湿，耐寒。

沼泽勿忘草：多年生草本，植株呈匍匐状，花色丰富，花期长，耐湿。

花菱草

花菱草又名"人参花""洋丽春""金英花"，为罂粟科花菱草属多年生草本，常作1~2年生栽培。原产于美国加利福尼亚州，我国华北、华中、华南地区均有栽培。喜干燥、冷凉的气候，怕涝，忌高温，耐寒。在肥沃、疏松、排水良好的沙质土壤中生长良好。花朵在阳光下开放，在阴天或傍晚闭合。

花菱草株形铺散，株高40~60厘米，多分枝，多汁，无毛，全株被有白粉，呈灰绿色。叶互生，多回三出羽状细裂，形状似柏叶，裂片呈线形或长圆形。花单生，着生于枝顶，具长花梗，萼片2枚，呈盔状，随着花瓣的展开而脱落。花瓣4枚，呈扇形，鲜黄色，十分鲜亮，花期5~6月。栽培品种有金黄、橙黄、淡紫红、橙红、乳白色、肉色。蒴果细长，7~10厘米，有棱。

花菱草形态美丽，枝叶细密，花开繁茂，花色鲜艳，是布置花境、花坛的好材料，也可盆栽或用于草坪丛植。

勿忘我

勿忘我又名"勿凋花""不凋花""补血草""星辰花",为蓝雪科补血草属多年生草本植物。原产于地中海沿岸地区,多作切花栽培。适应性强,喜充足的日光直射,光照充足,花色艳丽。耐旱,生长的适宜温度为22℃~28℃,忌高温,温度高于30℃则进入半休眠状态。在肥沃、排水良好的沙质土壤中生长良好。

植株高50~70厘米,全株具糙毛。单叶互生,呈莲座状环生于茎基部,叶片羽裂,长20厘米左右。聚伞圆锥花序,花枝长1米左右。小花穗上有4~5朵花,有蓝、紫、粉、白、黄等色,花期3~5月。蒴果,果熟期4~6月。

勿忘我花形紧凑,花色艳丽,质感强,即使失水也不会变形褪色,可用于制作具有永恒意义的干花。在应用上人们更多的是将其地栽,用于采收切花,来装饰节日环境,美化生活空间。

参加朋友的生日晚会,可带一束勿忘我,既活泼又漂亮,还能表达对朋友青春永驻、事业有成的祝愿。青年男女互赠,可表达深切情意。

长春花

　　长春花又名"四时春""日日新""雁来红""五瓣莲"，为夹竹桃科长春花属多年生草本。原产于印度、马达加斯加，在我国广西、广东及长江以南各地均有栽培。喜温暖、阳光充足的环境，如果长期生长在庇荫的地方，会出现叶片发黄的现象。不耐寒，忌水湿。对土壤要求不高，在富含腐殖质、排水良好的土壤中生长良好。

　　长春花植株高30~70厘米，全株无毛。茎直立多分枝。叶对生，表面和背面光滑无毛，呈长椭圆形，长3~4厘米，全缘。聚伞花序顶生，有花2~3朵，有紫、黄、白、红、粉等多种颜色，花冠呈高脚碟状，裂片5枚。果圆呈柱形。

　　长春花姿态优美，叶片苍翠有光泽，嫩枝顶端每长出一片叶，就会开出两朵花，因此花非常多，花色艳丽，花势繁茂，一派生机。花期特别长，从春天开到秋天，故有"四时春"之名。适合布置花境、花坛，在北方可做盆栽观赏。

　　长春花全株有毒，以花的毒性最强。误食后，会毒害神经系统，还能抑制骨髓的造血功能。

诸葛菜

　　诸葛菜又名"菜籽花""二月兰"，为十字花科诸葛菜属两年生草本。原产于我国东北、华北地区，多为野生，也有栽培。耐阴性强，只要有一定散射光，就能茂盛生长。较耐寒，但如果遇到重霜，叶有可能被冻伤。对土壤的要求不高，但在中性或弱碱性土壤中生长最好。

　　诸葛菜，听到这名字，让人不由自主地想到了诸葛亮，二者之间有什么关系呢？相传诸葛亮率军出征时，曾采下其嫩梢为菜，因此得名。

　　诸葛菜植株高20~50厘米，有白色粉霜。茎直立，单茎或多分枝，光滑。基生叶扇形或近圆形，有叶柄，边缘有粗锯齿，茎生叶羽状分裂，顶生叶三角状卵形或肾形。总状花序顶生，花为淡紫或深紫色，花瓣4枚，倒卵形，具长爪。角果呈长条形，长6~9厘米，6月成熟。

　　诸葛菜冬季叶色浓绿，早春开花成片，花期很长，是优良的地被植物，可在公园、路旁、林下种植，也可用作花境栽培。嫩茎叶可食用，用开水烫后，再用清水漂洗，就没有苦味了，还可炒食。

高山积雪

高山积雪又名"象牙白""银边翠",为大戟科大戟属1年生草本植物。原产于北美,我国各地均有栽培。喜温暖和阳光充足的环境,耐干旱,怕涝,不耐寒。在肥沃、疏松、排水良好的沙质土壤中生长最好。

植株高50～60厘米,内含有毒白浆,全株有柔毛。茎直立而多分枝。叶为淡灰绿色,长圆形至矩圆状披针形,全缘。3朵小花簇生顶端,花下有两枚大苞片,花梗细软。

高山积雪叶片密集,7～8月间叶片全部或叶片边缘变为灰绿色或银白色,与绿色相映,远远望去,宛如绿叶积雪,非常美丽。可做花境、花坛的材料,也可做插花的材料或盆栽。

待霄草

待霄草又名"香月见草""山芝麻",为柳叶菜科月见草属多年生草本植物,常作1~2年生栽培。原产于南美智利及阿根廷等地,现世界各地均有分布,我国有野生,也有栽培。喜阳光充足的环境,有一定的耐寒性,在我国中部及南部地区,可露地越冬。

待霄草植株斜展或直立,具粗长毛,少分枝。下部叶呈线状倒披针形,茎生叶无柄,披针形。花为黄色,有清香,花期7~9月。上部常增粗。

待霄草的花朵在傍晚至夜间开放,最适宜种在夏季晚上纳凉休息的地方,也可种植在小径旁或花丛中,是夜景花园的良好材料。茎皮为纤维原料。种子可榨油,为优质食用油。根可入药,有凉血、清热、散瘀的功效。

待霄草的同属植物很多,约有100种,常见的栽培品种有以下几种:

月见草:植株较高,达1.2米,下部有分枝。叶披针形至长周形。花为淡黄色,直径5厘米左右。

美丽月见草:叶片呈披针形或长圆状,表面和背面均具白色柔毛,边缘有锯齿。花大,初为白色,后变为粉色,开花时间长,可从傍晚开至第二天早晨。

白花月见草:开白色的花。

异果菊

异果菊又名"铜钱花""白兰菊""绸缎花""雨菊"，为菊科异果菊属1年生草本植物。原产于南非。喜温暖、光照充足的环境，忌炎热，不耐寒，在我国长江以北的地区都要保护越冬。在疏松、肥沃、排水良好的土壤中生长最好。

异果菊植株高30厘米左右。分枝多而披散。叶互生，呈长圆形至披针形，叶缘有深波状齿，具腺毛。茎上部叶无柄，比较小。头状花序顶生，舌状雌花为橙黄色，有时基部为紫色。盘心管状两性花，黄色，花期4～6月。雌花所结瘦果近圆柱或三棱形，两性花所结瘦果扁平，为心形。

异果菊花在上午9时左右开放，午后逐渐闭合，花色艳丽。可布置花坛、花境和岩石园，也可盆栽供观赏。

异果菊属只有7个品种，常见的栽培品种有以下几种：

雨菊：1年生草本，枝密被腺毛。叶倒卵状披针形。舌状花表面为白色，背面为紫铜色或紫色，盘心管状花裂片顶端常带紫色。

大花异果菊：多年生草本，作1年生栽培。植株比异果菊矮，头状花序。舌状花为橙黄色，管状花为鲜黄色并带有蓝色金属光泽。

火炬花

火炬花又名"火把莲""红火棒",为百合科火把莲属多年生草本植物。原产于南非,现我国各地均有栽培。喜温暖、阳光充足的环境,也有一定的耐阴力,比较耐寒。对土壤要求不高,在疏松、肥沃、排水良好的沙质土壤中生长良好。

植株高80~120厘米。茎直立,粗壮。基生叶带状披针形,长90厘米左右,略带白粉,草质。总状花序较长,可达25厘米。花筒状,呈火炬形,初开时为鲜红色,然后逐渐变为橘黄色,自上而下逐渐开放,花期6~7月。蒴果为黄褐色,9月成熟。

火炬花是优良的庭院花卉,多群植做背景,在翠绿的叶丛中,挺拔的花茎高高擎起独特的火把状花序,别具特色,壮丽可观。也可丛植于假山石旁或草坪中,用做配景。

葱 莲

　　葱莲又名"葱兰""玉帘""肝风草""白花菖蒲莲"，为石蒜科葱兰属多年生草本植物。原产于南美洲，我国长江流域各省区均有栽培。喜阳光充足的环境，也耐半阴。较耐寒，温度即使在0℃以下，也能存活很长时间，温度低至-10℃左右时，短时间内不会受冻，但若时间较长，可能会被冻死。在肥沃、排水良好的黏质土壤中生长最好。

　　葱莲植株高15~20厘米，鳞茎呈卵形，为淡褐色至黑褐色。叶基生，2~4枚，为暗绿色，线形，稍肉质。花茎高10~25厘米，中空，淡绿色，圆柱形，从叶丛一侧抽出。花单生，花被片6枚，椭圆状披针形，长3~5厘米，白色，外面略带紫红色。蒴果呈三角球形。

　　葱莲植株低矮，姿态清秀，叶片翠绿，花朵洁白，花期长，几乎全年可见开花。供花坛、花境以及林下栽植，也可在草坪中丛植点缀，还可盆栽，以供观赏。

　　全草含多花水仙碱、石蒜碱、尼润碱、网球花定碱等生物碱，总量约为0.03%。全株可入药，有散热解毒、平肝熄风的功效，用于小儿惊风、癫痫。

小苍兰

小苍兰又名"小菖兰""香雪兰""麦兰""洋晚香玉"等,为鸢尾科香雪兰属多年生草本植物。原产于南非好望角一带。喜温暖、阳光充足的环境,耐冷凉,不耐高温,生长的适宜温度为15℃~25℃,不耐寒。在肥沃、疏松、排水良好的土壤中生长最好。

小苍兰的球茎为卵圆球形或圆锥形,直径2厘米左右,外被棕褐色薄膜。茎柔弱,有分枝。叶呈线形或剑形,长15~30厘米。穗状花序顶生,有花10朵以上。花被呈漏斗状,长5厘米左右,分为6瓣,具香味,有洁白、粉红、鲜黄、淡紫、大红、橙红等颜色。蒴果近圆形。

小苍兰株形清秀,花姿新颖,花色明丽,香气浓郁,花期较长,是冬、春季节南方庭院重要的球根花卉。它在春节前后开花,正值少花季节,可做盆花装饰点缀厅堂、案头,深受人们喜爱。也可做切花,用于花篮、花束、桌饰等布置中,高雅宜人。花朵含芳香油,可提取香精。

铃 兰

　　铃兰又名"香水草""君影草""草寸香""草玉玲""小芦铃"，是百合科铃兰属多年生草本植物。我国东北、华北地区较常见，日本、朝鲜、欧洲、北美洲也有分布。喜半阴的环境，耐寒，不耐高温，在富含腐殖质、排水良好的沙质土壤中生长良好。

　　铃兰植株高20～30厘米。根状茎为白色，在地下横走，上面有许多须根。叶2～3枚，一般为2枚，基部鞘状，抱茎生长，叶片较大，呈椭圆形，长7～15厘米，宽3～7厘米，具光泽。花葶从根部伸出，顶端生有6～10朵小花，花为钟形，乳白色，具芳香，花期5～6月。浆果呈圆球形，暗红色，富含汁液，8月成熟。

　　铃兰株形小巧，常聚成一片生长。每到开花之际，挺实的叶片衬着一串乳白色的小花，花莹洁高贵，悬垂似铃铛，精雅绝伦。花香浓而不烈、甜而不腻，沁人心脾。果实成熟后，红润光亮，仿佛粒粒宝石悬挂在枝头，光彩夺目。铃兰是一种优良的观叶、观花、观果植物。可用于布置花坛、花境，也可做地被植物或盆栽观赏。铃兰花含挥发油，可提制香精，用来制造香皂和化妆品。全草可入药，有利尿、强心、调节神经系统及抗癌的功能。

梭鱼草

　　梭鱼草又名"海寿花"，为雨久花科梭鱼草属多年生挺水草本植物。原产于北美。喜温暖湿润、阳光充足的环境，不耐寒，生长的适宜温度为18℃~28℃。在静水及水流缓慢的水域中能正常生长，但在20厘米以下的浅水中生长最好。梭鱼草繁殖能力强，生长迅速。

　　植株高20~80厘米。叶柄呈圆筒形，绿色。叶片呈倒卵状披针形，长10~25厘米，宽可达15厘米，深绿色，光滑无毛。穗状花序顶生，花蓝紫色带黄斑点，直径1厘米左右。蒴果初为绿色，成熟后为褐色，果皮较硬。

　　梭鱼草株形美观，叶色翠绿，花开时节，串串紫花在绿叶的衬托下，极为美观，而且花期长，适合风景区、公园及庭院中的水体绿化，也可做盆栽观赏。

珊瑚花

珊瑚花又名"串心花""巴西羽花",为爵床科珊瑚花属多年生草本植物。原产于巴西。喜阳光充足、温暖湿润的环境,耐阴,不耐寒,生长的适宜温度为22℃~30℃,怕强光直射。在疏松、肥沃的微酸性土壤中生长最好。

植株高30~80厘米。茎4棱状。叶对生,长圆状卵形,有少量柔毛。圆锥花序顶生,花冠为粉红色,2唇形,具黏毛,花期6~11月。蒴果呈椭圆形,种子为黑褐色。

珊瑚花色、花形均像珊瑚,可用于布置花坛,也可在庭院、路边种植观赏。用于点缀山石或水岸等处,效果也非常好。夏、秋两季开花,又耐阴,也可盆栽放于室内观赏。

文殊兰

文殊兰又名"十八学士""罗裙带""文珠兰""文兰树""秦琼剑""海带七""引水蕉""水蕉""郁蕉""海蕉"等，为石蒜科文殊兰属多年生草本花卉。在我国湖南、四川、广西、广东、福建、台湾均有分布。喜温暖湿润、阳光充足的环境，稍耐阴，不耐寒，生长的适宜温度为22℃~30℃，越冬温度不低于5℃。对土壤的适应性强，耐盐碱，在疏松、肥沃的土壤中生长良好。

文殊兰的鳞茎较粗壮，呈长圆柱形。叶呈剑形或阔带形，宽大而肥厚，长达1米以上。基部抱茎，叶脉平行。花葶从叶丛中抽出，伞形花序顶生，有花10~24朵，花瓣6枚，细长，两侧粉红，中间紫红，具浓香，花期5~10月。蒴果近球形。

文殊兰叶片宽大，四季常青，花形别致，芳香浓郁，深受人们的喜爱。可用于点缀园林景区、机关、校园的绿地，也在庭院中栽植以供观赏，还可盆栽，置于天台、阳台等处，雅丽大方，赏心悦目。鳞茎、叶可入药，有消肿止痛、活血散瘀的功效。

文殊兰是佛教中"五树六花"之一，五树六花是指佛经中规定寺院里必须种植的五种树（菩提树、高榕、贝叶棕、槟榔、糖棕）、六种花（荷花、文殊兰、黄姜花、鸡蛋花、缅桂花、地涌金莲）。

蜀 葵

蜀葵又名"熟季花""一丈红""卫足葵""胡葵""吴葵",为锦葵科木槿属两年生草本植物。在我国分布较广,华北、华中、华东均有种植。喜阳光充足的环境,耐半阴,怕涝,耐寒,在华北地区可露地越冬。对土壤的适应性强,耐盐碱,在含盐0.6%的土壤中仍能生长,但在疏松、富含有机质、排水良好的沙质土壤中生长最好。

蜀葵植株高2~3米。茎直立挺拔,单生或略有分枝,有一簇簇的柔毛。叶互生,呈长圆形或近圆心形,长5~10厘米,宽4~10厘米,前端圆钝,基部为心形,边缘有不整齐的钝齿,叶面和叶背均有星状毛,叶柄长6~15厘米,托叶2~3枚。总状花序顶生,花直径6~12厘米,有白、紫、红、粉、黄等色,单瓣或重瓣,花期在5~10月。蒴果呈扁球形,直径3厘米左右。

蜀葵花色艳丽,花期长,是布置花境的好材料。可组成花墙、花篱,美化园林环境。也可盆栽观赏,盆栽应在早春入盆,保留独本开花。植株寿命不长,栽植2~3年后容易衰老,因此,要及时栽种新苗。蜀葵的嫩苗可以作蔬菜食用。花含红色素、花青素,根含糖、醇类物质,种子含脂肪油。茎秆可做编织纤维材料。

半支莲

半支莲又名"草杜鹃""松叶牡丹""大花马齿苋""洋马齿苋""龙须牡丹"，为马齿苋科马齿苋属1年生草本植物。半支莲原产于南美、巴西，现广泛分布于我国各地。喜阳光充足而干燥的环境，在潮湿的环境中生长不良。耐贫瘠，不耐寒，对土壤的适应性强，在干旱的沙质土壤中生长最好。

半支莲的花朵迎阳光开放，日落闭合，光弱时，花朵不能充分开放，因此人们又

称它为"太阳花""午时花"。它还有一个奇怪的名字——"死不了"，为什么给它取这样一个名字呢？这是因为它的茎富含水分，而且保水能力特强，若将其拔出，放在太阳下暴晒，待看上去已奄奄一息时，再插入湿润的土中，仍能奇迹般地成活。

半支莲植株矮小，仅15～30厘米。茎平卧或斜生，肉质，细而圆。叶散生或集生，呈圆柱形，长1~3厘米。花顶生，直径3～6厘米，基部有叶状苞片，花瓣有黄、紫、白、红等色，具芳香，花期5~11月。蒴果成熟时即开裂，种子为银灰色，小巧玲珑。

半支莲花色丰富，色彩鲜艳，花期长，可用于布置花坛、花丛、花境或做花坛的镶边材料，也可用于点缀假山和做盆栽观赏。全草可入药，有清热解毒的功效。

君子兰

　　君子兰又名"剑叶石蕊""大叶石蒜"，是石蒜科君子兰属多年生草本花卉。它比较"娇气"，既怕炎热又不耐寒，在温暖湿润而半阴的环境中生长良好，怕强光直射，生长的适宜温度为18℃~22℃，当温度高于30℃或低于5℃时，均会影响其生长。君子兰喜疏松、肥沃、排水良好的土壤。

　　君子兰的根呈乳白色，粗壮，有肉质感。茎分根茎和假鳞茎两部分。叶互生，革质，深绿色，形似剑，排列整齐，长30~50厘米。聚伞花序，着生数朵或数十朵小花，花为橙红色，漏斗形，小花可开15~20天，先后开放，可延续2~3个月之久。每个果实中含种子一粒至多粒。

　　其他名贵花卉或以花色艳丽引人注目，或以芳香浓郁让人驻足，但这些难免给人一种单调肤浅的感觉。君子兰就不一样了，它叶色浓绿而有光泽，花朵向上，形状似火炬，花色橙红，给人以端庄大方之感。因此有"百花虽好不用问，唯有君子压群芳"之说。

　　君子兰是一种奇花异草，是万花丛中的奇葩，具有极高的观赏价值。它叶、花俱佳，时刻都能供人观赏，给人以美的享受。叶片的顶部形态各异，有的如半圆形，有的似椭圆形。挺拔的叶片向斜上方舒展平伸，不低头，不弯腰，启迪人们刚正不阿，百折不挠。

番红花

　　番红花又名"西红花"，为鸢尾科番红花属多年生草本植物。最初由印度传入我国西藏，后由西藏传入内地，这样，很多人就把从西藏运往内地的番红花，误认为是西藏产的，而称其为"藏红花"。其实，番红花原产于欧洲南部，我国北京、上海、江苏、浙江等地均有栽培。喜半阴的生长环境，较耐寒，对土壤的适应性强，在肥沃、排水良好的沙质土壤中生长良好。

　　番红花的鳞茎为扁圆形或圆形，大小不等，直径1~10厘米，外被褐色膜质鳞叶。叶自鳞茎生出2~14株丛，每丛有2~13枚线形叶，长15~35厘米，宽约4毫米，边缘反卷，有细毛。花1~3朵顶生，苞片2枚，花被6枚，倒卵圆形，淡紫色，花被筒细管状，长4~6厘米。花柱细长，伸出花被外而下垂。蒴果长圆形，具三钝棱。

　　番红花叶丛纤细，花朵娇柔，香味浓郁，常用于布置花坛和岩石园，也可盆栽，以供观赏。

满天星

满天星又名"六月雪""丝石竹"，为石竹科丝石竹属多年生草本。原产于地中海沿岸及亚洲北部，欧美及日本普遍栽培，最近几年，在我国普遍种植。满天星喜阳光充足的环境，也有一定的耐阴性。喜干燥，怕水涝，过湿会造成植株死亡。耐寒性较强，在-10℃的低温下不会被冻死，但不耐高温。对土壤的适应性强，在疏松、肥沃、排水良好的中性至微碱性土壤中生长良好。

满天星植株高60～70厘米。茎细而光滑。叶对生，粉绿色，狭长，无叶柄。花为白色，花瓣5枚，有微弱的芳香。

初夏，满天星开花不断，花朵洁白如雪，繁密细致，如万星闪耀，朦胧迷人。远远望去，又似早晨的云雾，傍晚的烟霞，因此又被称为"霞草"。适宜在路边、花篱、花坛栽植，若与金鱼草、郁金香等同期开花的种类配植，效果会更好，也适宜盆栽观赏。满天星同样可作为背景花材，广泛应用于插花作品中。一束花中若插入几支满天星，便会更显妩媚。

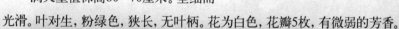

黄花菜

  黄花菜又名"萱草""金针""黄花"，为百合科萱草属多年生草本植物。在我国各地均有分布，江南各省人工栽培数量很多。黄花菜对光的要求不高，在阳光充足和半阴的环境下均能生长，喜湿润，耐寒。对土壤的适应性强，在林间空地、林缘、山坡地等微酸性土壤中均可生长，耐干旱、贫瘠。

  黄花菜具短根茎和纺锤状块根。叶基生，条形，长约70厘米，宽2厘米左右。花葶高1米左右，复聚伞花序组成圆锥形，多花，苞片呈狭三角形，长4厘米以上。花为淡黄色，花梗很短。花茎挺拔，花色亮丽，是布置花境的好材料，也可丛植于路旁，或点缀岩石园。

　　大家都知道黄花菜可以食用，人们常用"黄花菜都凉了"来形容已经等了很久，很晚了。但需要注意的是，黄花菜不能鲜食，因为鲜花中含有秋水仙碱素，这种物质虽然本身没毒，但是炒食后能在体内被氧化，产生一种剧毒，轻则会引起恶心、呕吐、腹胀、腹泻等症，严重时还会出现血尿、血便。我们平时吃的黄花菜，都是经过处理的。在黄花菜花蕾含苞待放、中部色泽金黄、两端呈绿色、顶端的紫点褪去的时候采摘下来，然后进行蒸制、烘干或晒干，然后再进行烹制就不会中毒了。

石碱花

　　石碱花又名"肥皂花"，为石竹科肥皂草属多年生草本植物。原产于西亚、中亚、欧洲及日本。喜阳光充足的环境，适应能力强，耐旱、耐寒，对土壤的要求不高，一般土壤中均能良好生长。有自播繁衍能力。

　　石碱花植株高20~90厘米，全株绿色无毛。叶对生，呈椭圆状披针形，长约15厘米，宽约5厘米。花分白、淡红、鲜红色，花瓣呈长卵形，顶生聚伞花序，有单瓣、重瓣之分，花期6~8月。

　　石碱花多用于布置花坛、花境，也可作为地被植物栽培。

石 蒜

石蒜又名"蟑螂花""龙爪花""老鸦蒜""银锁匙""彼岸花",为石蒜科石蒜属多年生草本植物。原产于我国及日本,现世界各国多有栽培。喜半阴的生长环境,怕强光直射,耐旱,稍耐寒,在肥沃、排水良好的沙质土壤及石灰质土壤中生长良好。

石蒜有鳞茎,卵球形,直径约3厘米,外被紫红色薄膜。叶5~6片,线形,长可达40厘米,宽约2厘米,深绿色。花总苞片披针形,2枚,伞形花序有花4~12朵,花为鲜红色或具白色边缘,先叶开放。

石蒜花花形奇特,花色鲜艳,又喜半阴的环境,非常适宜做林下地被花卉,花境丛植或于溪涧石旁自然栽植。因其先开花后长叶,若与其他耐阴低矮草本配植,观赏效果会更好,也可盆栽观赏。

石蒜鳞茎含有石蒜碱等有毒物质,折断后有乳白色的浆液流出,如果不小心碰到这些浆液,皮肤就会红肿发痒,若误食,轻则会出现腹泻、呕吐等症状,重则还会因大脑神经中枢麻痹而死亡。

六出花

　　六出花又名"黄花洋水仙""秘鲁百合"，为石蒜科六出花属多年生草本植物。原产于南美的智利、秘鲁和巴西等国，现我国多有栽培。喜阳光充足的环境，耐半阴。夏季宜凉爽，怕强光直射，有一定的耐寒能力。其对土壤的要求不高，在疏松、肥沃、排水良好的中性土壤中生长最好。

　　植株高1米左右。茎直立，不分枝。叶互生，为鲜绿色，呈披针形，长7~10厘米，有短柄。伞形花序，花冠长3~4厘米，花小而多，呈喇叭形，橙黄色，花瓣具淡紫褐色细条斑，花期6~8月。

　　植株清秀，花色丰富，形似蝴蝶，而且花期长，是流行的切花品种，也可盆栽点缀客厅、窗台，奇特新颖，使人耳目一新。去探望病人，可带上一束六出花，有慰问、关怀、祝福平安、愿早日康复之意。

　　六出花的常见变种有以下几种：

　　金黄六出花：花为金黄色，花瓣上有红色斑点。

　　纯色六出花：花为淡黄色。

　　红色六出花：花为红色。

石莲花

　　石莲花又名"莲花掌""宝石花""八宝掌""月影",为景天科石莲花属多年生肉质草本。原产于墨西哥,现世界各地均有栽培。喜阳光充足、温暖干燥的环境,耐半阴,不耐寒,怕积水,怕强光直射。对土壤的适应性强,在肥沃、排水良好的沙质土壤中生长良好。

　　石莲花有匍匐茎。叶楔状倒卵形,顶端短、锐尖,无毛。一般为翠绿色,少数为墨绿、粉蓝色。聚伞花序,有花8~24朵,花冠为红色,花瓣呈披针形。

　　石莲花叶片肥厚,终年碧翠,形状奇异,宛如玉石雕刻成的莲花座,姿态秀丽,华丽典雅,深受人们喜爱。常作为点缀,栽植在岩石孔隙间、花坛边缘,也可盆栽观赏。

矮牵牛

矮牵牛又名"矮喇叭""碧冬茄""毽子花""灵芝牡丹",为茄科碧冬茄属多年生草本植物,常作1~2年生栽培。喜阳光充足的环境,属长日照植物,不耐寒,怕雨涝,干旱季节开花繁茂。在疏松、肥沃、排水良好的沙质土壤中生长良好。原产于南美,为撞羽朝颜与腋花矮牵牛的杂交种,现世界各地均广泛栽培。

矮牵牛植株高20~80厘米,茎侧卧或直立,全株被腺毛。叶对生或互生,呈卵圆形或椭圆形,全缘。花单生叶腋及茎顶,花冠呈喇叭状,花直径可达15厘米,有粉、红、紫、白及带各种斑点、条纹、网纹的花色,花期4~10月。结蒴果。

矮牵牛品种繁多,花色丰富,花期长,几乎全年开花,常用于布置花坛、花境,也可盆栽观赏。

鸢 尾

鸢尾又名"扁竹花""蓝蝴蝶""紫蝴蝶""扇把草",为鸢尾科鸢尾属多年生宿根花卉。整个北温带均有分布,我国仅野生就有45种以上,主要分布在中南部。喜阳光充足的环境,较耐寒,在肥沃、排水良好的土壤中生长良好。

鸢尾植株高30~50厘米,具球茎或根茎。叶呈线形或剑形,长30~45厘米,宽2~4厘米,为淡绿色,基部重叠互抱成两列。花葶从叶丛中抽生,单一或有分枝,顶端有花2~3朵,花为蝶形,被片6片,外3片较大,外弯或下垂,称为"垂瓣",内3片较小,直立或呈拱形,称为"旗瓣",有紫、蓝、白、黄、淡红等色,花期4~6月。蒴果呈长圆形,具6棱,种子为黑褐色。

鸢尾花因其花瓣形如鸢鸟尾巴而得名。花大而美丽,宛若翩翩起舞的

彩蝶，因而又有"蓝蝴蝶""紫蝴蝶"之称。鸢尾叶色碧绿，花色丰富，是庭院中常见的观赏花卉，也可用于布置花坛或盆栽观赏。鸢尾的根状茎可入药，具有消炎的作用，叶子与根有毒，会导致胃肠道瘀血及严重腹泻。

不同颜色的鸢尾有不同的含意。蓝色鸢尾表示赞赏对方素雅或暗中仰慕，白色代表纯真，黄色表示友谊永固、热情开朗，紫色则寓意吉祥与爱意。

福禄考

福禄考又名"福乐花""福禄花""五色梅""桔梗石竹""草夹竹桃""小洋花""洋梅花",为花葱科草夹竹桃属1年生草本植物。喜温暖、湿润的环境,不耐寒,不耐旱,怕酷热。对土壤的要求不高,在湿润、肥沃、排水良好的土壤中生长良好。原产于北美洲东南部,现世界各地广泛栽培。

福禄考植株高15~45厘米。茎直

立，多分枝，有腺毛。上部叶互生，基部叶对生，呈长圆形、宽卵形或披针形，长2~7厘米，全缘有毛，无柄。聚伞花序顶生，花冠呈高脚碟状，直径2~3厘米，裂片5枚，圆形。花色原种为玫红色，园艺栽培种有紫、白、淡红等色，花期5~6月。蒴果近圆形或椭圆形，种子为棕色，呈椭圆形或倒卵形。

福禄考植株矮小，着花密，花色鲜艳，花期长，适宜做花坛、花境及岩石园的植株材料，也可盆栽观赏。此外，它对氯气、二氧化硫有一定的抗性。

一串红

　　一串红又名"炮仗红"、"爆竹红""墙下红""鼠尾草""草象牙红"，为唇形科鼠尾草属多年生草本植物，常作1年生栽培。原产于南美巴西，现世界各国广泛栽培，我国南京、上海栽培较多。喜温暖、阳光充足的环境，不耐寒，有一定的耐阴能力，怕积水。在疏松、肥沃、排水良好的沙质土壤中生长良好，但在碱性土壤中生长不良。

　　一串红植株高80~90厘米，茎直立，光滑，有四棱。叶对生，呈卵形或卵圆形，长4~8厘米，宽3~7厘米，两面均无毛。总状花序顶生，遍被红色柔毛。2~6朵红色

小花轮生,花萼与花瓣同色,呈钟形,花冠唇形,花期7~10月。小坚果呈卵形,平滑。

一串红花序长,花色红艳而热烈,花开时节,宛若一串串红炮仗,因此又被称为"炮仗红",是我国园林中应用最广、最多的红色系草本花卉。可用于布置花坛、花境,也可盆栽或做切花。

一串红的常见变种有以下几种:

一串紫:花萼、花冠均为紫色。

一串白:花萼、花冠均为白色。

藤本植物观赏

紫　藤

　　紫藤又名"藤萝""朱藤""勾连盘曲"，为蝶形花科紫藤属木质藤本植物。紫藤原产于我国，现国内外普遍栽培。喜阳光充足的环境，也耐阴，稍耐寒，有一定的抗旱能力。在肥沃、深厚、排水良好的土壤中生长良好。

　　紫藤的嫩枝呈暗黄绿色，密被柔毛。奇数羽状复叶互生，有小叶7～13枚，呈卵状椭圆形，长5～10厘米，幼时表面和背面均被白色柔毛，后慢慢脱落。花侧生，较大，长达15～35厘米，呈下垂状，花萼、小花梗、总花梗都有浓密的柔毛，4～5月开花，花为紫色或淡紫色，有香味。荚果长10～20厘米，密生银灰色而具有光泽的绒毛。果在9～10月成熟。

　　紫藤生长迅速，茎蔓缠绕，枝繁叶茂，花大色艳，散发芳香，是棚架、门廊、枯树绿化的理想材料。可用来装饰花架、花廊、凉亭等，如植于台坡、水畔，沿它物攀生，也非常优美，或让其攀缘在枯死的树木上，营造枯木逢春的奇景，还可做盆栽供观赏。

　　紫藤花加糖烙饼称藤萝饼，是北京土特产之一，嫩叶可炒做菜食。花、茎皮可入药，有驱虫、解毒、止吐泻的功效。

葡　萄

　　葡萄为葡萄科葡萄属落叶木质大藤本植物。原产于欧洲和亚洲西部，现已成为世界性果树，我国栽培葡萄的历史悠久，已有2 000多年，而且分布较广，长江流域及其以北地区栽培较多。葡萄的栽培品种很多，目前我国栽培的品种约500多种，不同品种的生态习性有一定的差异。一般来说，它们均喜温暖、阳光充足、干燥的环境，耐旱，耐寒，能耐一定的低温，但不能低于−10℃。对地势和土壤的适应性强，在平地、丘陵或山地上均可栽培，除盐碱土、重黏土外，在壤土、沙土、轻黏土、沙砾土中均能正常生长，尤其是在土层深厚、排水良好的沙质土壤中生长最好。

葡萄的茎蔓长10~30米，为红褐色，具间断性卷须，与叶对生。单叶互生，呈圆卵形，长7~15厘米，基部心形，背面有短柔毛，边缘有粗锯齿。花为淡黄绿色，具芳香，组成圆锥花序，花期5~6月。浆果呈椭圆形或球形，成串下垂，不同品种的颜色不同，有白色、红色、绿色、褐色、紫色、黑色等，果期7~9月。

葡萄株形优美，翠叶满架，硕果晶莹，是著名的观赏植物。因其具有攀缘的特性，也是一种优良的攀缘绿化树种。我国很多居民都在庭院内种植葡萄，它们既能结出美味的水果，又能美化庭院，还可用作盆栽观赏。

葡萄是我国的主要果树之一，果实除生食外，还可酿酒，制葡萄粉、葡萄汁、葡萄干等。根、茎、叶均可入药。

金银花

金银花又名"金银藤""二色花藤""鸳鸯藤""忍冬"，为忍冬科忍冬属常绿或半常绿缠绕藤本植物。原产于我国，北起辽宁，南到海南岛，东自山东，西到陕西均有分布，朝鲜、日本也有少量分布。喜光，也耐阴，耐寒，耐旱，耐水湿，忌水涝。有农谚"涝死庄稼旱死草，冻死石榴晒伤瓜，不会影响金银花"。其适应性强，对土壤要求不高，沙土、碱性、酸性土壤中均能生长。根系繁密，茎蔓着地即能生根。

金银花藤长可达9米，茎皮条状剥落。枝细长、中空，幼枝为暗红褐色，密被黄褐色糙毛及腺毛。单叶对生，呈卵状长圆形，长3～8厘米，先端短、钝尖，基部圆形或近心形，幼时表面和背面均被毛，后慢慢脱落，全缘。双花单生叶腋，花梗比叶柄长，花初开时为白色，后慢慢转为黄色，有芳香，花期4～6月。浆果为蓝黑色，球形，果期8～10月。

金银花植株轻盈，藤蔓缭绕，冬叶微红，临冬不落，春季开花，黄白相映，秀丽清香，是良好的观赏植物。适宜做花架、花廊、篱垣等的垂直绿化。在假山和岩坡隙缝间点缀，攀绕及顶，蔓条下垂，赏心悦目，雅致至极，也可盆栽观赏。花可入药，有清热解毒的功效。

金银花的栽培变种有以下几种：

红金银花：小枝、嫩叶、叶柄均带紫红色，花冠为淡紫红色。

白金银花：花初开时为纯白色，后转为黄色。

紫脉金银花：叶脉为紫色。

黄脉金银花：叶较小，网脉为黄色。

爬山虎

爬山虎又名"爬墙虎""地锦""红丝草""趴山虎",为葡萄科爬山虎属大型落叶木质藤本植物。原产于我国,分布极广,北起吉林,南至广东,均有分布,以辽宁、陕西、湖北、湖南、河北、山东、浙江、广东等省最为常见,日本也有分布。其适应性强,耐干旱、寒冷,不怕强光直射,在一般土壤里都能生长。

爬山虎的枝粗壮,幼枝为紫红色,老枝为灰褐色,枝上有卷须,卷须短而多分枝,须端扩大成吸盘,遇到墙壁、岩石、树木便吸附在上面。单叶互生,一般3裂,或分裂成3小叶,宽卵形或基部心形,长8~18厘米,叶缘有粗锯齿,绿色,表面无毛,背面有白粉,叶脉处有柔毛,秋天变为鲜红色。聚伞花序生于短枝顶端的两叶之间,长4~8厘米,花为黄绿色,花期6~7月。浆果呈球形,成熟时为蓝黑色,被白粉,小鸟喜食,果期9~10月。

爬山虎密布吸盘,可在水泥墙或砖墙上攀附而上,高度可达20米。蔓茎纵横,翠叶遍布如屏,秋季或橙或红,是一种非常优美的攀缘植物,可供观赏,且生长迅速,病虫害少。在枯木墙垣、桥头石壁、庭园入口、庭院墙壁等处均宜配植,尤其是在建筑物墙面上能伸展自如,有降温消暑的功效,并能大大减少噪音的干扰。根、茎可入药,有消肿毒、破瘀血的功效。果实可用来酿酒。

常春藤

常春藤又名"爬墙虎""钻天风""三角风""爬树藤"等,是五加科常春藤属常绿藤本植物。喜温暖湿润的环境,极耐阴,在强光照环境下也能生长。耐干旱、贫瘠,有一定的耐寒力。对土壤的适应性强,在肥沃、湿润的中性、微酸性土壤中生长良好。

常春藤的茎藤长可达30米,茎、枝均有气生根,幼枝有鳞片状柔毛。叶革质,暗绿色,有长柄,三角状卵形,和枫树叶相似,顶端渐尖,有的品种叶子边缘为黄色或白色。伞形花序顶生,花较小,为绿白色或黄白色,微香。果近圆球形,为橙色或红色。

常春藤枝叶稠密,终年常绿,叶色光亮,叶形别具特色,春季红果映衬于绿叶之间,更添美观,可用于建筑物墙面、石柱、假山、坡坎、绿廊、墙垣等处作攀附或垂吊式绿化,也可盆栽观赏。

常春藤,多么美好的名字,预示着春天长驻,寓意永不分离和友谊长青。给老人祝寿送常春藤,祝愿"福如东海,寿比南山";在朋友结婚时赠送常春藤,祝愿新婚幸福,白头偕老;送友人常春藤,祝愿友谊长青。

南蛇藤

南蛇藤又名"落霜红""霜红藤""过山枫""穿山龙""黄果藤"，为卫矛科南蛇藤属落叶藤本。原产于我国，东北、华北、华东、西北及云南、贵州、四川、湖南、湖北各地均有分布，朝鲜、日本也有分布。喜温暖、阳光充足的环境，也有一定的耐阴力，对土壤的适应性强，在肥沃、排水良好的土壤中生长极旺盛，蔓茎缠绕其他物体不断向上生长。

南蛇藤植株高3~12米。小枝为暗褐色或灰褐色，呈圆柱形，皮孔较粗大。单叶互生，近圆形或椭圆状倒卵形，长4~10厘米，宽3~7厘米。顶端短尖或钝尖，基部为圆形或楔形，边缘有细钝齿。短聚伞花序腋生，有5~7朵淡黄绿色花，花瓣5枚，呈卵状长椭圆形，花期5~6月。蒴果为橙黄色，球形，长7~8毫米，果期9~10月。

南蛇藤通常做岩壁、墙垣、棚架的攀缘绿化，也可在河溪、池边、湖畔配植，映成倒影，极其别致。剪取成熟的果枝，插入瓶中，用于装饰居室，也很美观。

络　石

　　络石又名"石龙藤""白花藤""万字茉莉"，为夹竹桃科络石属常绿攀缘藤本植物。在我国黄河流域以南的各省均有分布，日本、朝鲜也有分布。喜光，耐半阴，怕水淹，对土壤要求不高，在潮湿、肥沃、疏松、排水良好的中性、酸性土壤中生长旺盛。

　　络石常攀缘在岩石、墙垣、树木上，有气生根，具乳汁。枝长2～10米，幼枝有绒毛，后慢慢脱落。单叶对生，为深绿色，卵圆形、椭圆形或披针形，长2～6厘米。薄革质，表面光滑，背面有毛。聚伞花序腋生，有花9～15朵，白色，花瓣呈片状螺旋形排列，似"卐"字形，有芳香，花期6～7月。蓇葖长如荚果，为紫黑色。

　　络石藤蔓攀绕，终年常青，叶色浓绿，花开之际，全株一片白，有"不是茉莉，胜似茉莉"的美称，而且花期很长，5～10月不断有花开，是优美的攀缘植物。在园林中栽植，可将其攀附在枯树、墙壁上，或专门设支架，也可点缀陡壁、山石，或盆栽供观赏。全株入药，可治关节炎、风寒感冒等病症。

　　络石的栽培变种有以下几种：

　　小叶络石：叶片较小，呈狭披针形，长4厘米左右。

　　斑叶络石：叶具浅黄色或白色斑纹，边缘为乳白色。

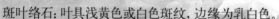

凌 霄

　　凌霄又名"紫葳""女藏花"，为紫葳科凌霄属落叶大藤本。原产于我国中部、东部地区，各地均有栽培，日本也有分布。喜温暖湿润、阳光充足的环境，稍耐阴，耐水湿，不耐寒。对土壤的适应性强，在中性、微酸性土壤中生长良好。

　　凌霄的树皮为灰褐色，小枝为紫褐色。茎长达10米，有攀缘的气生根。奇数羽状复叶，对生，小叶7~9枚，卵状披针形，长3~7厘米，边缘疏生锯齿，叶面和叶背均光滑无毛。顶生圆锥花序，由三出聚伞状花序集成。花冠为漏斗状钟形，内面为鲜红色，外面为橙红色，花较大，直径达6厘米。蒴果细长，如豆荚，10月成熟。

　　凌霄柔条纤蔓，翠叶团扶，花色鲜艳，花期较长，是良好的绿化、美化花木品种，可用于庭院中棚架、花门的绿化，也可用以攀缘枯树、石壁、墙垣。若点缀于假山间隙，繁花艳彩，甚是美观。花、叶均可入药，有破血瘀、泻血热的功效。

旱金莲

旱金莲又名"寒荷""旱荷""旱莲花""金莲花""寒金莲""金钱莲""大红雀"，为旱金莲科旱金莲属1年生或多年生攀缘状肉质草本植物。原产于中、南美洲，我国各地均有栽培。喜阳光充足、温暖湿润的环境，不耐寒，不耐高温，生长的适宜温度为18℃~24℃，在肥沃、排水好的土壤中生长良好。

旱金莲植株光滑无毛。茎直立，肉质，为淡灰绿色，中空。叶互生，呈圆盾形，长约

5~10厘米,边缘有波状钝角,形如碗莲,叶柄细长,达10~20厘米,盾状着生于叶片的近中心处,可攀缘。花单生叶腋,花瓣5枚,基部联合成筒状,花色有红、黄、紫、橙、粉红、乳白色和杂色等,花长2~5厘米,花期2~5月。果实成熟时,分裂成3个小核果,果期7~10月。

　　旱金莲叶片肥厚,叶形别致,花色鲜艳,有橘红、紫红、乳黄等色,盛花时节,犹如群蝶飞舞,一派生机。花期很长,只要条件适宜,可全年开花。一株旱金莲可同时开出几十朵花,一朵花能开8~9天,散发阵阵芳香,深受人们喜爱。可做地被种植,也可植于栅篱旁或庭院棚架悬垂栽培观赏,还可盆栽观赏。

铁线莲

　　铁线莲又名"铁线牡丹""山木通""番莲""金包银"，为毛茛科铁线莲属落叶或半常绿藤本植物。在我国湖北、湖南、山东、江苏、浙江、广西、广东等省（区）均有分布，欧美及日本多有栽培。喜光，耐寒性较差，在疏松、肥沃、排水良好的石灰质土壤中生长良好。

　　铁线莲藤长4米左右。茎为紫红色或棕色。二回三出羽状复叶，对生，小叶呈狭卵形或披针形，长2~5厘米。表面为暗绿色，背面疏生短毛，全缘。花单生于叶腋，无花瓣，花梗细长，萼片6枚，花瓣状，乳白色，直径5~8厘米，花期6~9月。结瘦果。

　　铁线莲的希腊语意为藤蔓、爬缘的植物，看名字就知道，它的茎可以攀附其他物体，攀缘而上，并且花大而美，花朵又多，人们只要看到它就会忍不住停下脚步来观赏。可用来点缀棚架、院墙、围篱及凉亭等，也可与岩石、假山相配植或做盆栽观赏。种子含油率约为18%，可榨油，为优良的工业用油。根可入药，有利尿、祛瘀、解毒的功效。

　　铁线莲的栽培变种有以下几种：

　　蕊瓣铁线莲：雄蕊有部分变为紫色花瓣状。

　　重瓣铁线莲：花重瓣，雄蕊为绿白色，外轮萼片较长。

文 竹

文竹，顾名思义，文雅之竹，其实它不是竹，只是姿态文雅，枝干有节，很像竹，因此得名。它又称"云竹""云片竹""松山草""芦笋草"，为百合科天门冬属多年生常绿藤本植物。原产于非洲，我国南北各地也多有栽培。喜半阴、湿润的环境，不耐干旱，不耐寒，对土壤的要求不高，但以肥沃、疏松、排水良好的沙质土壤为佳。

文竹高30~50厘米。茎柔软丛生，平滑，无棱，为深绿色，分枝极多，呈攀缘状向外生长。我们看到的绿色的叶其实不是它真正的叶，而是叶状枝。文竹的叶已经退化成褐色鳞片，呈刺状，生在叶状枝的基部。叶状枝为绿色，一般10~13枚成簇，刚毛状，略具三棱，长5毫米左右。花两性，比较小，为白绿色，1~4朵在分枝近顶部腋生，排成总状，具2~4毫米的短梗。浆果呈圆球形，直径6~7毫米，成熟后为紫黑色。

　　文竹株形优雅，叶状枝秀丽，终年翠绿，观赏价值很高，深受人们的喜爱。陈列于室内或布置室外均有较好的观赏效果。

　　文竹主要有以下几种变种：

　　矮文竹：茎直立，丛生，叶状枝细密，较短。

　　大文竹：生长力强，叶状枝较长。

　　细叶文竹：叶状枝为淡绿色，有白粉，稍长。

叶子花

叶子花又名"三叶梅""九重葛""三角梅""毛宝巾""三角花""勒杜鹃""贺春红""室中花"等,为紫茉莉科叶子花属木质藤本状灌木。原产于南美洲的巴西,现在我国各地均有栽培。喜阳光充足、温暖湿润的环境,不耐寒,越冬温度不得低于3℃。对土壤的适应性强,在肥沃、排水良好的土壤中生长良好。

叶子花的茎长数米,株高1~2米。老枝为褐色,小枝为青绿色,呈拱形下垂,具针状刺,密被绒毛。单叶互生,纸质,绿色,卵形或椭圆形,长5~10厘米,宽4~6厘米,先端圆钝,两面或背面密被绒毛,全缘。叶柄长1~2厘米。花序腋生或顶生,一般3朵花簇生,花为黄色或淡红色,聚生于苞片内,苞片呈椭圆状卵形,酷似叶子,故名"叶子花"。苞片长3~7厘米,宽2~4厘米,鲜红、紫红、橙黄或乳白色。花萼为绿色,密被绒毛,顶端5~6裂,裂片开展。果呈纺锤形,长8~15毫米,具5棱,密被绒毛。

叶子花的主要观赏部位是苞片,苞片开放时,鲜艳如花,热情奔放,深受人们的喜爱。适合种植在花圃、公园等的门前两侧,也可种植在假山、花坛周边,做防护性围篱,在我国南方,多用作围墙的攀缘花卉栽培,北方则多盆栽,置于庭院、门廊和厅堂入口处,璀璨夺目。巴西妇女常将叶子花插在头上做装饰,别具一格。花也可入药,有收敛止带、调经活血的功效。

叶子花色彩鲜艳,花形奇异,尤其是在苞片开放时,鲜红色的苞片在绿叶的衬托下,大放异彩,犹如孔雀开屏一样美丽。

观赏竹

佛肚竹

佛肚竹又名"佛竹""大肚竹""密节竹""罗汉竹""葫芦竹"，为禾本科莉竹属灌木状竹。原产于广东，现我国各地均有栽培。喜温暖湿润、阳光充足的环境，不耐干旱，怕水涝，怕烈日暴晒。不耐寒，越冬温度在10℃以上，否则容易受冻。在疏松、肥沃、排水良好的沙质土壤中生长良好。

佛肚竹丛生，无刺。秆无毛，幼秆为深绿色，略被白粉，老时变为浅黄色。正常秆呈圆筒形，畸形秆节密，节间较正常秆短，膨大呈瓶状。箨叶呈卵状披针形，初为深绿色，后变为橘红色，干时草黄色。箨舌很短，仅长3~5毫米。叶片呈卵状披针形，长12~20厘米，叶面和叶背均为绿色，表面光滑，背面有柔毛。

佛肚竹枝叶丛生，终年常绿，节间膨大，状如佛肚，奇异可观，在广东、香港等地可露地栽培。其他地区可盆栽观赏。盆栽时一定要用大盆，以椭圆形或长方形为佳，这样能给竹鞭提供较大的营养面积，有利于其水平横向生长。如果再往盆中放些小块湖石或石笋石，会更加秀美。

紫 竹

紫竹又名"乌竹""黑竹",为禾本科刚竹属散生竹类。在我国陕西、湖北、湖南、江苏、浙江、安徽、福建等省均有分布,北京的紫竹院也有栽培。紫竹适应性强,较耐寒,可耐−20℃的低温,但忌积水。对土壤的适应性强,在疏松、肥沃的微酸性土壤中生长良好。

紫竹的秆散生,高4~10米,直径2~5厘米。幼秆为绿色,密被细柔毛及白粉,箨环有毛。一年生以后的秆逐渐出现棕紫色斑,最后全变为紫黑色,无毛。中部节间长约30厘米。箨环与秆环均隆起,且秆环高于箨环或两环一样高。箨耳发达,呈长圆形至镰形,紫黑色,边缘生有紫黑色、弯曲的长肩毛。箨舌为紫色,拱形至尖拱形,边缘有长纤毛。箨叶为绿色,脉为紫色,三角形或三角状披针形,舟状隆起,初微皱,后呈波状。每小枝有叶2~3片,叶鞘初被粗毛。叶片呈披针形,长5~10厘米,宽约1.5厘米,下面基部有细毛。笋期在4月,呈浓红褐色或带绿色。

紫竹秆紫叶绿,别具特色,是著名的观赏竹类,在园林中广泛栽培。竹材坚韧,可制小型家具、伞柄、手杖、笛、箫及各种工艺品等。

斑　竹

斑竹又名"泪竹""湘妃竹"，为禾本科刚竹属散生竹类。在我国湖南、浙江、河南、江西等省均有分布。斑竹的适应性较强，在肥沃、排水好的酸性沙质土壤中生长良好。

斑竹为中小型竹。秆高7~20米，直径5~15厘米。幼秆无毛，具淡紫色或紫褐色斑点。节间长达40厘米，壁厚5毫米左右。秆环略高于箨环，均隆起。箨鞘背面为黄褐色，有时带有紫色或绿色，有较密的紫褐色斑块及斑点，疏生淡褐色直立刺毛。箨耳较小，为紫褐色，呈镜状，有长而弯曲的遂毛。箨舌为淡褐色或带绿色，拱形，边缘有纤毛。箨片呈带状，中间为绿色，两侧为紫色，边缘为黄色。叶舌呈拱形或截形。每小枝有叶2~4片，叶片呈带状披针形，长5~15厘米，宽1.2~2.5厘米。笋期在5~6月。

斑竹秆粗大，具淡褐色或紫褐色斑点，多栽培供观赏。竹材坚硬，为优良用材竹种。

关于湘妃竹还有这样一个传说：在湖南九嶷山上住着九条恶龙，它们经常到湘江戏水，以致洪水冲毁庄稼，冲塌房屋。舜帝得知消息后，决定前往湘江为民除害，惩治恶龙。可是他这一去便杳无音信，他的两个妃子——娥皇和女英非常担心，便跋山涉水赶往湘江寻找丈夫。到了湘江，当地的百姓告诉她们舜帝除掉了恶龙，但因劳累过度病死在了这里。她们听后悲痛万分，抱头痛哭，眼泪洒在竹子上，绿色的竹秆上便呈现出了点点泪斑。

孝顺竹

孝顺竹又名"慈孝竹""凤凰竹""蓬莱竹"，为禾本科刺竹属丛生竹类。我国长江流域以南各省区均有分布，美国、日本也有栽培。孝顺竹喜温暖湿润、阳光充足的环境，不耐寒。在深厚、肥沃、排水良好的土壤中生长最好。

孝顺竹秆高4~8米，直径1~4厘米。节间呈圆柱形，长20~50厘米，幼时被白粉及棕色小刺毛，后慢慢脱落，绿色，老时转为黄色。箨耳微小，边缘有遂毛，箨舌边缘呈不规则的短齿裂，箨片狭三角形，背面有暗棕色小刺毛。叶鞘无毛，叶耳呈肾形，边缘有细长遂毛，叶舌圆拱形。每小枝有叶5~10片，叶片呈线形，长5~15厘米，宽5~20毫米，叶面为深绿色，无毛，叶背为粉绿色，密被短柔毛。

孝顺竹形态优美，枝小叶细，四季青翠，多种植在围墙边缘或道路两侧做绿篱，也丛植在庭院以供观赏。若种植在假山旁边作点缀，更富情趣。秆材可劈篾编织，也是良好的造纸原料，叶还可供药用。

刚 竹

刚竹又名"胖竹""光竹""榉竹""台竹""柄竹",为禾本科刚竹属竹类。在我国黄河流域至长江流域各地均有分布。刚竹抗性强,较耐寒,能耐-18℃的低温。在酸性土中生长良好,在pH值为8.5左右的碱土和含盐0.1%的土壤中也能生长。

刚竹秆高10~15米,直径5~10厘米,为淡绿色,中部节间长20~40厘米。新秆无毛,略被白粉,老秆节下有白粉环。秆环平,箨环微突起,秆箨底色为淡褐色或黄色,密布紫褐色或褐色的斑点及斑块,具绿色条纹,微有白粉。箨舌近平截或微呈弧形,长约2毫米,绿色,有细纤毛。箨叶呈带状披针形,外面绿色,有橘红色边带。每小枝有叶2~6片,呈带状披针形或披针形,长5~15厘米,宽2厘米左右,翠绿色,冬季变为黄色,笋期5月。

刚竹秆高,叶翠,秀丽挺拔,终年常青,多栽植于宅旁屋后、草坪一角、水池边,既美观又得体,也可在风景区种植绿化、美化。与梅、松一起种植,可形成"岁寒三友"之景。竹材坚硬,可供小型建筑、船帆横档及农具柄材使用。

刚竹有以下几种常见的栽培变种:

黄皮刚竹:新秆底色为绿色,有深绿色纵条,节下有深绿色环节。叶片绿色,常有乳脂色条纹,因此又被称为"黄皮绿筋竹"。

碧玉间黄金竹:秆为绿色,着生分枝一侧的纵槽为淡黄绿色,因此又被称为"绿皮黄筋竹",为著名的庭园观赏竹。

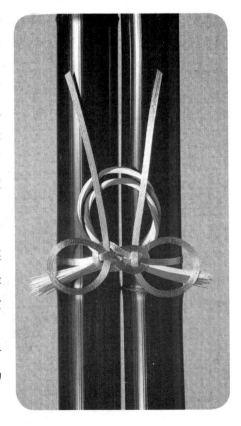

淡 竹

淡竹又名"粉绿竹""毛金竹""红淡竹""花斑竹",为禾本科刚竹属中型竹。原产于我国,长江、黄河中下游各地均有分布,以山东、河南、江苏、浙江、安徽等省分布较多。淡竹适应性较强,较耐寒,能耐−18℃的低温,有一定的抗旱性,能耐暂时的流水浸渍,即使在轻度盐碱土中也能正常生长。

淡竹秆高5~15米,直径2~5厘米。新秆密被白粉,为蓝绿色,老秆为黄绿色或绿色,仅节下有白粉环。竿环和箨环均突起,箨鞘呈淡绿或淡红褐色,无毛,有紫色条纹及淡红褐色斑点,无箨耳。箨舌截平,紫色,有短纤毛。箨叶为绿色,有紫色细条纹,呈带状披针形。每小枝有叶2~3片,叶片呈披针形,长8~16厘米。叶舌为紫褐色或紫色,笋期在4~5月。

淡竹姿态优美,竹笋光洁,可大面积种植以绿化环境,在农村,人们多将其成片栽植于宅旁,除了观赏外,淡竹还有很多用途:竹笋味道鲜美,可供食用;竹竿材质优良,韧性强,篾性好,可用来编织各种竹器。

青皮竹

青皮竹又名"山青竹""小青竹""地青竹""篾竹""黄竹""广宁竹"等，为禾本科竹亚科刺竹属丛生竹类。原产于广西、广东，现华中、华东、西南各地均有引种栽培。常栽培于低海拔地的河边、村落附近。喜温暖湿润的气候，在疏松、肥沃的土壤中生长良好。

青皮竹秆高8~12米，直径3~5厘米，尾梢下垂，下部挺直。节间长30~60厘米，绿色，幼时密生向上的淡棕色刺毛，并被白粉。节处平坦、无毛。竹壁较薄，仅3~5毫米。箨鞘革质，坚硬光亮，背面近基部贴生暗棕色易落刺毛，先端稍向外缘倾斜，呈不对称的宽拱形。箨耳较小，高2毫米左右，呈长椭圆形，边缘具锯齿且有纤毛。大耳呈狭长圆形，略向下倾斜，小耳呈长圆形，不倾斜，比大耳小，约为大耳的一半。箨舌略成弧形，边缘齿裂，或有条裂，被短纤毛。箨片直立，呈卵状狭三角形，腹面粗糙，背面无毛。分枝较高，密集丛生达10~12枚。每小枝上有叶8~12枚，叶片呈线状披针形至狭披针形，长10~25厘米，宽1~3厘米。叶面无毛，叶背密生短柔毛，笋期为5~9月，花期为2~9月，种子形状似麦粒。

青皮竹植株高直，刚劲挺拔，枝稠叶茂，青翠秀丽，公园、庭院、房前屋后均可成片种植，是优良的观赏竹种。竹材通直，竹节平滑，材质柔软、坚韧，篾性好，是理想的编织用材，可用来编制各种竹器、竹笠、竹缆和工艺品等，也可加工成竹筷、香骨和牙签等。笋可食用，味道鲜美，肉质脆嫩。